Dieter Reitmeyer

Unternimm Dein Leben

Dieter Reitmeyer

Unternimm Dein Leben

Als Lebensunternehmer zu neuem Erfolg

mit Peter Spiegel

HANSER

Alle Erlöse aus Honoraren für dieses Buch fließen vollständig und automatisch an die „Dagmar und Dieter Reitmeyer Stiftung – Arbeitnehmer in Not" (www.redi-group.com/de/dagmar_und_dieter_reitmeyer_stiftung)

„Ein GEN-Report"
Herausgeber der Global Economic Network-Reports:
Dieter Härthe und Peter Spiegel

Bibliografische Information der Deutschen Nationalbibliothek
Die Deutsche Nationalbibliothek verzeichnet diese Publikation in der Deutschen Nationalbibliografie; detaillierte bibliografische Datensind im Internet über http://dnb.d-nb.de abrufbar.

1 2 3 4 5 11 10 09 08

Internet: http://www.hanser.de
Lektorat: Martin Janik
Herstellung: Ursula Barche
Umschlaggestaltung: Büro plan.it, München,
unter Verwendung einer Fotografie des Autors
Satz: Manuela Treindl, Laaber
Druck und Bindung: Friedrich Pustet, Regensburg
Printed in Germany

ISBN 978-3-446-41485-3

Inhaltsverzeichnis

EINLEITUNG
Die Weichenstellung 1

KAPITEL 1
Unterwegs zu einer völlig neuen Form von Arbeit:
Arbeit als Selbstentfaltung 7

KAPITEL 2
Wie unser Land zum Weltmeister
einer Lebensunternehmerkultur werden kann 29

KAPITEL 3
Wie jeder Mensch zum erfolgreichen
Lebensunternehmer werden kann 65

KAPITEL 4
Eine neue Form von Erfolg: Ein Unternehmen
von Lebensunternehmern – Beispiel redi-Group 95

KAPITEL 5
Eine doppelte Bildungsinitiative: Die Initiative
Lebensunternehmer und das Projekt 4020/2010 131

STATEMENTS
von Mitarbeitern und Menschen,
die der redi-Group sehr nahe stehen 159

Ein Wort des Dankes 173

Quellen 175

EINLEITUNG

Die Weichenstellung

Jedem Menschen, ob derzeit im Status eines Mitarbeiters oder Arbeitslosen, eines Schülers, Studenten oder Senioren, stehen glänzende Zeiten bevor. Dasselbe gilt auch für jedes Unternehmen in unserem Lande sowie für den Standort Deutschland und sogar für die Welt insgesamt: Wenn wir die Wende von der primären Orientierung am monetären Gewinn zu jener am menschlichen Gewinn vollziehen, oder Neudeutsch von der Shareholder-Value-Orientierung zu Human Value. Und wenn der menschliche Gewinn im Vordergrund steht, geht dies am Ende auch keineswegs zulasten des monetären Gewinns. Ganz im Gegenteil: Auch diesem werden neue Flügel wachsen.

Das sind kühne Thesen, ich weiß. Aber so viel vorweg: Es handelt sich hier nicht um eine abgehobene Philosophie oder gar weltferne Esoterik, sondern um praxiserprobte und vielfach bestätigte Erfahrungen. Sie erwuchsen aus Erkenntnisprozessen, die zunächst mein eigenes Leben aus der Not in den Erfolg wendeten. Letztlich war es nicht mehr als ein Bündel von im Kern recht einfachen Entscheidungen, die ich traf und mit denen ich mein Leben wieder kraftvoll in die eigene Hand nahm. Entscheidungen, die jeder treffen kann.

Als nächsten Schritt wollte ich den Beweis antreten, dass man mit denselben Erkenntnissen auch ein Unternehmen zu ungewöhnlichem Erfolg führen kann. Ich begann also, meine persönlichen Erfolgserfahrungen auf die Menschen um mich herum zu übertragen, auf meine Mitarbeiter und unsere Kunden. Mein erklärtes Ziel war, meinen Mitarbeitern zur besten Entfaltung ihrer Fähigkeiten zu verhelfen. Dazu gehörte auch, von ihnen zu verlangen, dass sie diesen Ball aufgreifen und sich ihrerseits als aktive Unternehmer ihres eigenen Lebens begreifen. Ein Unternehmen aus Lebensunternehmern entstand. Und ein Unternehmen aus Mitunternehmern, die den gemeinsamen unternehmerischen Erfolg darin erkannten, unseren Kunden zu deren bestmöglichem Erfolg zu verhelfen. In wenigen Jahren blühte die redi-Group auf diesem Wege zum weltweiten Branchenprimus auf mit niedrigstem Krankenstand, höchster Mitarbeiterzufriedenheit und sehr steiler Unternehmensentwicklung.

Meine Unternehmerkollegen verstehen oft nicht, wie man so erfolgreich sein kann, wenn man so viel Zeit in jeden seiner Mitarbeiter investiert anstatt in die „eigentliche“ Unternehmensführung, die für sie mehr managementtechnischen Charakter hat. Für mich ist Mitarbeiterführung die beste Unternehmensführung. Die Qualität der Nutzung jeglichen sonstigen Kapitals wie Geld, Wissen oder Maschinen kristallisiert sich allein an der Mobilisierung der Qualität der menschlichen Fähigkeiten.

Was dies in der Unternehmenspraxis bedeutet, wird an zwei Beispielen deutlich:

Als in der Industrie immer mehr ältere Mitarbeiter entlassen wurden, ging ich der Frage nach, warum diese plötzlich derartige Probleme am Arbeitsmarkt hatten. Ich identifizierte drei Defizite: Schwächen im Umgang mit neuen Computerprogrammen, schwächelnde Englischkenntnisse und – nach der ersten Phase der Arbeitslosigkeit – Anschlussverlust an den technologischen Fortschritt. Also bot ich diesen Menschen gezielte Qualifizierungen in diesen Bereichen an. Das Ergebnis: Aus Menschen, die sich selbst schon fast abgeschrieben hatten, wurden in kürzester Zeit

Spitzenmitarbeiter mit höchster Motivation und wertvollster Verknüpfung von Kompetenz und Erfahrung.

Als ich im Sommer 2007 eine Qualifizierungsinitiative startete, um bis zum Jahr 2010 insgesamt 4 020 arbeitslose Ingenieure wieder in den Arbeitsmarkt zu integrieren, erreichte die zuständige Regionalstelle der Arbeitsagentur nur 42 interessierte Arbeitslose. Sie lud mit einem viel zu engen Filter ein. Ich schlug einen anderen Ansatz vor, der auch potenzielle Quereinsteiger offensiv ansprach, und nach wenigen Tagen meldeten sich viele Hundert. „Die hier praktizierte Methode der Fachkräftegewinnung hat Modellcharakter und ist geeignet, bundesweite Strukturen zu verändern", meinte schließlich der Operativ-Geschäftsführer der Regionaldirektion NRW der Arbeitsagentur. Nach wenigen Wochen hatte ich parallel dazu die Zusage für die ersten 1 000 „Training on the Job"-Arbeitsplätze.

Ermutigt durch diese Erfahrungen sehe ich im Lebensunternehmeransatz einen Schlüssel, der keineswegs nur in meiner Branche völlig neue Entwicklungschancen öffnet. Letztlich muss es darum gehen, das Aus- und Fortbildungswesen in Deutschland umzukrempeln.

Meine Erfahrungen mit Engagements in immer mehr Ländern der Welt können gerade dem Standort Deutschland entscheidende neue Zukunftszuversicht geben. Es wurde mir immer klarer, dass der Ruf von „made in Germany" letztlich nicht auf den Qualitätswerten deutscher Produkte basiert, sondern dass es bestimmte ethische Werte sind, die zu diesen Ergebnissen führen. Wenn Deutschland die hier im Kern besonders gut vorhandene hohe Leistungsbereitschaft, die Tüftlerleidenschaft und den kameradschaftlichen Teamgeist wieder ins Zentrum rückt, kann Deutschland nachhaltig zur Weltspitze zurückkehren, auch und gerade im Zeitalter der Globalisierung und nicht nur als Exportweltmeister. Die Nachfrage nach „made in Germany" wird nicht nur im Sinne der Produktqualität nachhaltig bleiben, sondern sich immer mehr auch im Sinne des Geheimnisses um die dahinterstehenden Tugenden ausweiten. Der Erfolg der Wirtschaft wird künftig vom Human Value abhängen und die Erfolgserfahrungen, wie dies am besten geweckt und gestärkt werden kann, wird die nächste Generation von Exportschlagern ausmachen.

Wir brauchen eine Gesellschaft, in der sich möglichst bald alle Menschen als aktive Lebensunternehmer verstehen. Wir brauchen Unternehmen, die diese Haltung fördern, mehr noch, die ihren neuen Erfolgsweg in der globalisierten Welt genau hierauf aufbauen. Und wir brauchen eine Politik, die alle Anreize auf die große gesellschaftliche Wende hin zu einer Gesellschaft von Lebensunternehmern umorganisiert. Das Ergebnis hiervon wird eine unvergleichlich reichere Lebensgestaltung für jeden einzelnen Menschen sein und ein im vollen Wortsinne *humanes* Weltwirtschaftswunder, das umso erfolgreicher sein wird, je menschlicher es in seinem Charakter ist.

Auch wenn die Fragen einer neuen Unternehmensführung und einer neuen Gesellschaftspolitik im Sinne einer solchen Lebensunternehmerkultur wichtig sind, so sollen sie in diesem Buch erst in zweiter Linie zur Sprache kommen. Entscheidend ist zunächst, dass möglichst viele Leser verstehen, was es bedeutet, sein Leben (wieder) aktiv in die eigene Hand zu nehmen. Ohne dass wir die Souveränität über unser eigenes Leben gewinnen, kann es kaum substanzielle Veränderungen zum Besseren geben. Dies ist die Basis und damit die zentrale Aufgabe.

Mit diesem Buch möchte ich daher zunächst meine persönliche Erfolgsgeschichte für jeden Leser, ob Unternehmer, Manager, Angestellter oder vorübergehend auch Arbeitsloser, unmittelbar nachvollziehbar machen. Ich erzähle in bewusst sehr einfacher Sprache, wie ich zu welchen Überzeugungen gelangte, welche Erfahrungen ich damit machte und wie sich daraus in „Versuch und Irrtum" schrittweise ein immer erfolgreicheres Lebens- und letztlich auch Unternehmenskonzept entwickelte.

Das schönste Ergebnis dieses Buches wäre für mich, wenn möglichst viele Leser beim Lesen das immer stärkere Gefühl gewinnen würden: So schwer ist es ja wirklich gar nicht, mein Leben in die Hand zu nehmen. Das, was Reitmeyer als seine Erfolgsstory zu einem persönlich wie beruflich erfüllten Leben darlegt, das kann ich doch auch. Die uralte Einsicht, dass die wertvollsten Erkenntnisse in ihrem Kern sehr einfacher Natur sind und damit jedem zugänglich, diese Einsicht ist nunmehr auch meine Erkenntnis.

Unsere Gesellschaft ist an einem Scheideweg angekommen. Ein jeder von uns kann wählen, in welche Richtung sein zukünftiges Leben weitergehen soll. Wir alle stehen vor gravierenden Veränderungen, die wir offensiv annehmen sollten. Das so oft zu beobachtende Selbstmitleid hilft niemandem weiter. Die Antwort liegt nicht bei anderen, sondern in einem jeden von uns selbst.

Die Wegscheide, an der wir uns befinden, zeigt uns zwei Richtungen auf. Reisen wir in die Zukunft und sind bereit, umzudenken, oder gehen wir weiter unseren altbekannten Weg und enden auf einem Abstellgleis? Werden wir uns an der Wegscheide entscheiden oder lassen wir lieber andere über uns entscheiden? Werden wir die Weichenstellung vornehmen oder werden wir einfach weichen?

Wer den richtigen Weg einschlägt, hat rein gar nichts zu verlieren. Er investiert nicht nur in seine berufliche Zukunft, nein, er wird auch ein vollkommen neues Lebensgefühl sein Eigen nennen.

KAPITEL 1

Unterwegs zu einer völlig neuen Form von Arbeit: Arbeit als Selbstentfaltung

Vom Angstreflex zur reflektierten Gestaltung unseres Lebensglücks

Wenn sich Veränderungen im Gewohnten ergeben, reagieren wir oft zunächst reflexartig mit Angst. Erst wenn wir vom Reflex zum Reflektieren übergehen, kann sich unsere Angst verwandeln – im breiten Spektrum von „weniger Angst" und kleinem Erfolgserlebnis bis zu tiefstem Glück und großem Erfolg. Wie mühsam und quälend dieser Übergang jeweils ist und wie weit dieser Verwandlungsprozess von Angst in jedem einzelnen Fall reicht, hängt ganz entscheidend von uns ab. Der Schlüssel, der bestimmt, wie viele Zimmer wir hinter jeder Herausforderung in einer fast endlos scheinenden Chancenwelt aufschließen können, wird von uns gefertigt. In wie viele Türen zur Chancenwelt er passt oder nicht passt, wird durch unsere Haltung zu den kleinen und großen Herausforderungen des Lebens bestimmt.

Jeder von uns hat in seinem Leben tausendfach diese Erfahrung gemacht: Etwas, das im ersten Augenblick als bedrohlich erschien, entpuppte sich auf den zweiten oder dritten Blick als Chance. Wenn der Lehrer uns in der Schule etwas erklären wollte, was wir nicht gleich begriffen haben, dachten wir schnell an die Gefahr einer schlechten Benotung, an die Häme mancher Mitschüler, an den erhobenen

Zeigefinger von Vater oder Mutter. Wenn wir uns dann schließlich doch zum Begreifen desselben aufgerafft haben, war die Chance groß, die Welt der neuen Lebensgestaltungsmöglichkeiten des Begriffenen erleben und immer weiter erschließen zu können. Als die undefinierbaren Hieroglyphen sich plötzlich als klar unterscheidbare Buchstaben und in ihren Zusammensetzungen als Begriffe offenbarten, konnten wir plötzlich die lieben Worte von Oma identifizieren, die sie auf ein Blatt Papier kritzelte und in einem Kuvert an uns sandte, und wir konnten die Anleitung zu einem Spiel lesen und verstehen, das uns zuvor nur in rasender, unbefriedigter Neugier zurückließ.

Trotz vielfältigster Lebenserfahrungen dieser Art bei jedem Menschen kostet es uns immer wieder neue Überwindung, vom lähmenden Reflex zum lernenden Reflektieren zu kommen. Wie oft haben wir schon erlebt, dass hinter einer Angst, wenn wir sie überwunden haben, eine umso schönere Freude steht, dass eine Krise nur ein Durchgangsstadium zu einer neuen Chancenwelt ist. Und dennoch bereitet uns die Angst keine Freude und sehen wir in der Krise nicht unbedingt gleich die Chancen – zumindest nicht, solange wir nicht immer wieder neu diesen Wandlungsprozess durchgemacht haben. Wir müssen letztlich wohl lebenslang daran arbeiten, diese positive Haltung zu verstetigen. Und wenn wir schon hunderttausend Mal darin bestätigt wurden, dass die Krise nur der zu knackende Kokon für neue Lernchancen ist, so passiert es uns immer wieder, dass wir in einem neuen Fall von Krise zunächst erneut mit reflexhafter Angst reagieren. Immer wieder verwechseln wir die unappetitliche Schale mit dem Wesen dessen, was dahinter verborgen ist: eine leckere Nuss, eine saftige Orange, eine köstliche Ananas. Der Charakter der Schale ist fast immer ein völlig anderer als jener des Inhalts dahinter.

Unser Leben ist randvoll mit kleinen und größeren Herausforderungen und unser Lebensglück bestimmt sich danach, wie viele Anlässe für Ängste wir gemeistert haben und wie gut wir diese gemeistert haben. Das Tückische ist: Das Leben gibt uns keine objektiven Rückmeldungen, ob Ängste berechtigt sind oder nicht. Es bestätigt uns mit ziemlich gleicher Intensität in unseren Ängsten wie auch in unserem Mut, Ängste zu überwinden. Der Psychologe Erik Blumenthal kam daher zu der Feststellung: Optimisten und Pessimisten haben eines gemeinsam – sie haben beide in etwa 90 Prozent der Fälle recht. Optimisten sind jedoch nicht, wie Pessimisten oft meinen, „Glückspilze", sondern „Glücksmacher". Ihre Haltung schließt das Glück auf, zieht es an, lädt es zum Wirklichwerden ein. Doch auch unter den Optimisten gibt es noch große Unterschiede. Bei nicht wenigen Optimisten haftet deren Leichtigkeit auch eine Portion Leichtfertigkeit an, die sie in manche Risiken doch recht unbedacht tappen lässt. Manche nennen den Meister der positiven Lebensbewältigung auch nicht Optimisten, sondern Possibilisten. Ein Possibilist vertraut nicht blind darauf, dass alles schon irgendwie gut gehen wird, sondern er gelangt zu der fundamentalen Erkenntnis: In *allem* stecken Risiken *und* Chancen. Wenn ich mir in scheinbaren Risiken *und* in scheinbaren Chancen die möglichen Klippen *und* die möglichen Lernchancen nüchtern anschaue und mir dabei bewusst bin, dass auch jede Klippe in ungeahnte Lernchancen verwandelt werden kann, dann schließe ich überall ständig neue Lebensgestaltungsmöglichkeiten (Possibilitäten) auf. Ich werde zum lebenslang und lebensumfassend positiv Lernenden.

Wie sehr es auf unsere Sicht der Dinge ankommt, kann uns vielleicht am deutlichsten die zweifache Lebenssituation veranschaulichen, an der es jeweils buchstäblich um „Leben und Tod" geht: die Geburt, die einen „Tod" des vorherigen embryonalen Zustands bedeutet, und den Tod, von dem wir nicht wissen, ob nicht auch er eine Geburt in einen anderen Zustand darstellt, so wie es viele Weltreligionen sehen.

Bei der Geburt in dieses Leben kann ein Embryo nicht ahnen, was sich ihm da auftut dank eines zunächst nur schmerzhaften Geburtsvorgangs. Die Mutter, die dank ihrer Lebenserfahrung bereits weiß, welches wunderbare neue Leben geboren werden kann trotz und teilweise auch gerade erst durch die Schmerzen, hat neun Monate Zeit, ihre Haltung zur Geburt zu entwickeln. Sie kann sich von der Angst vor der nicht risikofreien und nicht schmerzfreien Geburt gefangen nehmen lassen. Oder sie kann durch die übermächtige Freude auf die Chance, einem neuen Menschen Leben zu schenken, ihre Ängste schon im Vorfeld zumindest ein gutes Stück meistern, auch wenn sie um die damit verbundenen Risiken weiß. Sie kann sich die Erkenntnis zur Gewissheit aufbauen, dass die Risiken minimiert und die Chancen maximiert werden gerade durch ihre positive und freudige Haltung, und alle Weltreligionen und alle wissenschaftlichen Studien werden sie darin bestätigen.

Wie entscheidend unsere Haltung zu allen Lebensfragen und in allen Lebenslagen ist, zeigt folgende Geschichte, die Kambiz Poostchi in seiner Sammlung *Goldene Äpfel* erzählt:

Toni gehört zu jenen Menschen, die man einfach gern haben muss. Er ist stets gut gelaunt und hat immer etwas Positives zu sagen. Wenn ihn jemand fragt, wie es ihm gehe, gibt er zur Antwort: „Wenn es noch besser wäre, bräuchte ich einen Zwillingsbruder!"

Er war ein begnadeter Manager und in seinem Restaurant folgten ihm seine Kellner auf den Fuß. Der Grund dafür war seine Grundhaltung. Er war ein geborener Motivator. Wenn irgendein

Mitarbeiter einen schlechten Tag hatte, war Toni zur Stelle, ihn zu beraten, wie er die positive Seite der Situation entdecken konnte.

Ich beobachtete seinen Lebensstil und er machte mich neugierig. So fragte ich ihn eines Tages: „Ich verstehe das nicht! Du kannst doch nicht die ganze Zeit hindurch ein positiver Mensch sein. Wie schaffst du das?"

Toni gab zur Antwort: „Jeden Morgen, wenn ich aufwache, sage ich zu mir: ‚Toni, du hast zwei Entscheidungsmöglichkeiten für heute. Du kannst dich entscheiden, gut gelaunt oder schlecht gelaunt zu sein.' Und ich entscheide mich für gut gelaunt. Jedes Mal, wenn etwas Schlechtes passiert, kann ich mich entscheiden, ein Opfer zu sein oder daraus zu lernen. Ich entscheide mich, daraus zu lernen. Jedes Mal, wenn jemand zu mir kommt und sich beklagt, habe ich die Wahl, dessen Klagen zu akzeptieren oder auf die positive Seite des Lebens hinzuweisen. Ich wähle die positive Seite des Lebens."

„Ja, richtig, aber es ist nicht so einfach!", protestierte ich.

„Doch, ist es", erwiderte Toni. „Das Leben besteht aus Entscheidungen. Wenn man all den Plunder ausscheidet, bleibt in jeder Situation, eine Wahl zu treffen. Du entscheidest, wie die Leute deine Stimmung beeinflussen. Du triffst die Wahl, gut gelaunt oder schlecht gelaunt zu sein. Unter dem Strich kommt Folgendes heraus: Es ist deine Wahl, wie du das Leben lebst."

Ich dachte über Tonis Worte nach. Bald darauf löste ich mich beruflich aus der Gastronomie und machte mich selbständig. Wir verloren den Kontakt, aber ich musste oft an ihn denken, speziell immer dann, wenn ich mich für das Leben entschied, anstatt darauf zu reagieren.

Jahre später hörte ich, dass Toni etwas getan hatte, was man als Restaurantbesitzer nie tun sollte: Er hatte eines Morgens die Hintertür offen gelassen und war von drei bewaffneten Männern überfallen worden. Während er versuchte, den Tresor zu öffnen, zitterte seine Hand vor lauter Nervosität derart, dass sie von der Kombination abrutschte. Die Einbrecher gerieten in Panik und schossen ihn nieder. Glücklicherweise wurde er bald gefunden und ins örtliche Krankenhaus gebracht. Nach 18 Stunden Operation und Wochen intensiver Pflege wurde er aus dem Spital entlassen, hatte jedoch noch Splitter der Kugeln im Körper.

Ich traf Toni etwa sechs Monate nach dem Unfall. Als ich ihn fragte, wie es ihm ginge, antwortete er: „Wenn es mir noch besser ginge, müsste ich einen Zwillingsbruder haben. Möchtest du meine Narben sehen?"

Ich lehnte es ab, seine Narben zu sehen, aber fragte ihn, was ihm durch den Kopf gegangen war, als der Überfall passiert war. „Das Erste, was mir in den Sinn kam, war, dass ich die Hintertür hätte abschließen sollen", antwortete Toni. „Dann, als ich am Boden lag, erinnerte ich mich, dass ich zwei Entscheidungsmöglichkeiten besaß: Ich konnte entscheiden zu leben oder zu sterben. Ich traf die Wahl, zu leben."

„Hattest du keine Angst? Hast du das Bewusstsein verloren?", fragte ich weiter. Toni fuhr fort: „Die Notärzte waren großartig. Sie erzählten mir, dass ich wieder gesund würde, doch als man mich in die Intensivstation rollte und ich den Gesichtsausdruck der Ärzte und Krankenschwestern sah, war ich doch in Sorge. In ihren Augen stand: ‚Er ist ein toter Mann.' Ich wusste, ich musste handeln."

„Was hast du gemacht?", fragte ich.

„Nun, da war eine große dicke Schwester, die mir ihre Fragen zubrüllte", erzählte Toni. „Sie fragte, ob ich auf irgendetwas allergisch wäre. ‚Ja', sagte ich. Die Ärzte und Schwestern unterbrachen ihre Tätigkeit und warteten auf meine Antwort. Ich nahm einen tiefen Atemzug und schrie: „Ja, Kugeln!" Und über ihr Gelächter hinweg rief ich ihnen zu: „Ich habe mich entschieden zu leben. Operiert mich also derart, als ob ich lebe, und nicht, als wäre ich tot."

Toni überlebte dank des Könnens der Ärzte, aber auch wegen seiner eigenen Grundeinstellung. Von ihm lernte ich, dass wir jeden Tag die Wahl haben, das Leben voll zu leben.

Die Einstellung bestimmt letztlich alles.

Es lohnt sich also, genau an dieser zentralen Baustelle unseres Lebens zu arbeiten: an der Haltung gegenüber dem Unbekannten, Angsteinflößenden. Es lohnt sich, an der Gewinnung und Stabilisierung einer Haltung zu arbeiten, mit der wir den Spielraum für die positive Gestaltbarkeit unseres Lebens ausweiten und in immer neuen Lebensfeldern Angst in Lebensglück umwandeln können.

Dieses Buch soll dazu beitragen, diese Schlüsselfähigkeit in Bezug auf den zeitintensivsten Teil unseres Lebens zu entwickeln: die Arbeit. Wenn man Arbeit nicht nur als die Zeit zwischen dem Stecken und Ziehen der Steckkarte an einem Arbeitsplatz definiert, sondern auch die Arbeit des Lernens, die Arbeit zu Hause, die Arbeit an sonstigen Gemeinschaftsverpflichtungen und so weiter einbezieht, dann füllt Arbeit zwei Drittel oder drei Viertel unserer Wachzeit aus. Unser Lebensglück hängt also ganz entscheidend davon ab, wie erfüllend wir diesen Lebensbereich gestalten und leben können.

Arbeit als Lebensentfaltung

Die Voraussetzungen dafür sind so günstig wie noch nie in der bisherigen Menschheitsgeschichte. Wir können für diesen Lebensbereich eine außerordentlich positive Diagnose und Prognose erstellen. Die Arbeitswelt durchlief in den vergangenen 100 Jahren eine Wandlung, die man durchaus mit einem Geburtsvorgang vergleichen kann, einer Geburt in eine völlig neue Lebenswirklichkeit. Und sie durchläuft derzeit noch einmal einen zweiten, noch bedeutsameren und erfreulicheren Geburtsvorgang.

Sehen wir uns einmal die zurückliegenden zwei Jahrhunderte in den kapitalistischen Ländern dieser Welt an. Im

19. Jahrhundert fand eine große Ausbeutung der Arbeitnehmer statt. Die Lohnarbeit war die alles beherrschende Arbeitsform. Produktionsmittel standen kaum zur Verfügung und die Arbeitgeber saßen mit ihrem Kapital am längeren Hebel. Eine schier grenzenlose Ausbeutung der menschlichen Arbeitskraft hatte zur Folge, dass Not und Elend in der Bevölkerung herrschten. Das Leitmotiv dieses Jahrhunderts lautete: *Arbeiten, um zu überleben.*

Ende des 19. Jahrhunderts drohte dieses System zu scheitern und es mussten neue Wege gefunden werden.

Das 20. Jahrhundert brachte gewaltige Veränderungen. Die Arbeitnehmer wurden an ihren Produktivitätssteigerungen unmittelbar beteiligt und profitierten mittelbar am Wachstum der Unternehmen. Dies hatte zur Folge, dass Not und Elend beseitigt wurden und eine nie da gewesene Explosion der Arbeitsproduktivität sowie der Massenkaufkraft stattfand. Die Welt der Menschen veränderte sich rasend schnell. Autos, Fernsehen, Urlaub, Flugreisen sowie die Rechte der Arbeitnehmer schufen eine komplett neue Form des Kapitalismus, einen sozialpartnerschaftlichen. Dieser dominierte immerhin die gesamte westliche Welt sowie weitere Nationen im Nahen und Fernen Osten sowie im Süden, die sich diesem Entwicklungsweg anschlossen. Niemals zuvor gab es größeren Wohlstand in der Bevölkerung dieser Länder als zu dieser Zeit. Das Leitmotiv dieses Jahrhunderts lautete: *Arbeiten, um zu leben.*

Ende des 20. Jahrhunderts hatte der Kapitalismus fast die ganze Welt erobert. Nicht zuletzt aufgrund der sehr ungleichgewichtigen Entwicklung im 20. Jahrhundert ist dieses System in Verbindung mit der Globalisierung und der Öffnung der Waren- und Arbeitsmärkte nach heutigem Stand der Dinge wiederum gescheitert. Neue Systeme müssen gefunden werden.

Es ist klar absehbar, in welche Richtung sich die Meisterung dieser Krise entwickeln wird, denn das 21. Jahrhundert hat bereits mit den notwendigen Veränderungen begonnen. Dort, wo diese schon pionierhaft umgesetzt sind, ist die völlig veränderte Arbeitswelt mit höchst motiviert, höchst flexibel und höchst zufrieden arbeitenden Menschen bereits zu besichtigen. Das neue Leitmotiv für uns alle heißt: *Arbeiten, um sich zu entfalten.*

Wie passt dies mit der scheinbar völlig gegenläufigen Wahrnehmung vieler Menschen zusammen, die uns zudem tagtäglich durch die Medien bestätigt wird: immer mehr Menschen, die um ihren Arbeitsplatz besorgt sind, immer mehr Sorge, dass die mühevoll erworbene Ausbildung nicht mehr zu den Anforderungen des Arbeitsmarktes passt, immer tiefere Ängste, dass man zu den Verlierern der Globalisierung zählen wird und so weiter …

Die gegenwärtigen Probleme basieren vor allem auf der Tatsache, dass viele Menschen von dem Gefühl beherrscht sind, ihnen wird etwas genommen. Da wir uns in einer Umbruchphase befinden, ist dieses Gefühl durchaus zutreffend – solange wir uns auf die neuen Herausforderungen noch nicht angemessen und konstruktiv eingestellt haben. Solange wir den Charakter der neuen Herausforderungen noch nicht klar erkannt haben, können wir uns auch nicht auf diese positiv einstellen. Der Blick auf den Verlust der vielen schönen Aspekte des embryonalen Zustands einschließlich gar des Verlusts der Nabelschnur hilft uns nicht weiter, wenn durch den Geburtsvorgang neue Herausforderungen anstehen.

Deshalb muss der erste Schritt sein, zu verstehen, was die neuen Herausforderungen sind, und diese dann konstruktiv anzunehmen. Darauf aufbauend können wir dann identifizieren, wie wir uns auf die neue globalisierte Arbeitswelt einstellen können und welche immensen neuen Chancen diese uns bietet. Was wir zuvor als Verlust wahrgenommen haben, verwandelt sich dann zu der Erkenntnis, dass wir nur etwas aufgeben, was uns in unseren Entfaltungsmöglichkeiten unnötig eingeschränkt hat.

Der hier beschriebene Wandlungsprozess in unserer Haltung ist allerdings kein „Kann“, sondern ein „Muss“. Unser Wohlstand kann unter den neuen Voraussetzungen der Globalisierung unmöglich mit den alten, gewohnten Haltungen und Strukturen gehalten werden. Er kann nur dann gesichert und sogar erheblich ausgebaut werden, wenn der Einzelne mehr Verantwortung für sich selbst übernimmt.

Dank der neuen Kommunikationsmittel wird es für immer mehr Menschen mit jedem Tag immer leichter, sich Zugang zu neuem Wissen und damit auch zu neuen Fertigkeiten zu verschaffen. Voraussichtlich wird es nicht einmal mehr eine Generation dauern, bis tatsächlich jeder Mensch auf dieser Erde direkten Zugang zur modernen Weltbibliothek des Menschheitswissens namens Internet haben wird. In China hat sich in zehn Jahren die Zahl der Internetnutzer mehr als verhundertfacht auf heute bereits fast 200 Millionen und selbst in so armen Ländern wie Bangladesch oder Burundi existieren konkrete Pläne, die gesamte Bevölkerung in einer halben Generation „online“ gehen zu lassen. In Indien verdoppeln sich die Online-Arbeitsplätze derzeit im Einjahrestakt. Und allein die Online-Akademie des Hardware-Konzerns Cisco bietet Hunderttausenden von jungen Freaks rund um den Erdball Internet-Trainingsprogramme im Umgang mit den modernsten Möglichkeiten der neuen digitalen Welt.

Was alle diese Menschen verbindet: Sie warten nicht auf staatliche Fürsorgeprogramme, sondern nehmen ihr Leben selbst in die Hand. Sie nutzen die sich ihnen bietende Chance mit hoher Eigenverantwortlichkeit. Sie sind Lebensunternehmer in einem sehr unmittelbaren und umfassenden Sinne. Natürlich wäre es auch ihnen lieber, wenn der Staat mehr für sie tun würde, aber sie warten nicht darauf. Sie übernehmen die Verantwortung, das Bestmögliche aus ihrem Leben zu machen. Das positive Virus der Eigenverantwortung verbreitet sich derzeit rasend schnell über den Erdball. Die Phase der monotonen, abhängigen Industriearbeit wird in den aufholenden Schwellenländern viel schneller durchlaufen, als wir dies aus unserer Geschichte kennen. Allein in Indien gibt es heute bereits 250 Millionen Menschen, die man der Mittelschicht zurechnen kann – das sind mehr Menschen als in der EU.

Glauben wir, in einer Welt in derartiger Aufbruchstimmung können wir uns die Fortführung unserer alten Arbeitsmentalität noch lange leisten? Auch und gerade bei uns müssen die Arbeitnehmer sich sehr schnell umstellen auf mehr Eigenverantwortung und Selbständigkeit. Dass die bisher zurückgebliebenen Länder aufholen werden, können wir nicht verhindern, selbst wenn wir es wollten. Ein solches Ansinnen wäre auch in höchstem Maße unklug, denn ein immer größerer Anteil unseres Wohlstands wird sich in den nächsten Jahrzehnten genau daraus speisen, dass wir die Nachfrage nach unseren fortschrittlichsten und qualitativ besonders hochwertigen Produkten bedienen können.

Wer aber in der Spitzengruppe verbleiben will, kann dies nur erreichen, wenn sich der heute kostbarste Produktionsfaktor optimal entfalten kann: der Mensch. Wir werden alle unsere betrieblichen und gesellschaftlichen Systeme so verändern müssen, dass sie den Menschen die besten Entfaltungsmöglichkeiten geben. Dies muss gleichzeitig mit einer Bewusstseinsrevolution bei den Menschen selbst einhergehen. Jeder Mensch muss sich entscheiden, ein immer besserer Unternehmer seines eigenen Lebens zu werden.

Wir leisten uns heute noch eine gewaltige Verschwendung an Humankapital, indem wir den meisten Menschen gar keine andere Wahl lassen, als die Aufgabe zu erledigen, die ihr Vorgesetzter für sie vorgesehen hat. Durch die zukünftige Eigenverantwortung der Menschen hat ein jeder die Möglichkeit, zu tun, was er am besten kann. Menschen werden in zunehmendem Maße tun und lassen, was sie wollen. Sie werden selber entscheiden, ob sie Aufträge annehmen oder nicht. Nur wenn dieses System, das schon längst begonnen hat, erfolgreich flächendeckend umgesetzt wird, werden wir die Entfesselung eines neuen gigantischen geistigen Potenzials erfahren. Es handelt sich dabei um jenes weite Potenzial, das tatsächlich in uns steckt, aber niemals abgerufen wird. Auch wenn dies schwer zu messen ist, so gehen Forscher heute davon aus, dass höchstens fünf bis zehn Prozent unserer menschlichen Potenziale ausgeschöpft sind. Der Rest wartet darauf, aufgeweckt zu werden.

Eine einfache Rechnung kann uns veranschaulichen, dass es keinen zwingenden Grund dafür gibt, pessimistisch in die Zukunft zu blicken. Bis vor wenigen Jahren hat sich nur ein Anteil von fünf bis zehn Prozent der Menschheit einen menschenwürdigen Wohlstand erwerben können. Dank der Globalisierung kann jetzt der Rest der Menschheit rasch aufholen. Doch selbst in den wohlhabenden Ländern haben fast alle Menschen nur fünf bis zehn Prozent ihrer tatsächlichen Potenziale entfalten können. Die heutige Mischung aus gesellschaftlicher und technischer Entwicklung ermöglicht uns, aber verlangt gleichzeitig auch unausweichlich von uns, unsere Potenziale nun noch ungleich mehr zur Entfaltung zu bringen. Für die Menschheit insgesamt kämen wir so leicht auf ein Entwicklungspotenzial jenseits des Faktors 100.

Selbstverständlich sprechen wir hier nicht von einer Art von Wirtschaftswachstum, die mit den bisherigen Indikatoren des sogenannten Bruttosozialprodukts richtig umfasst wären. Bei der heutigen Definition von Bruttosozialprodukt zählen beispielsweise sowohl der Alkoholmissbrauch als auch der Kampf dagegen einschließlich der Rehabilitation aus der Sucht als Beiträge zum Wirtschaftswachstum, sowohl die Umweltverschmutzung als auch deren nachträgliche Beseitigung und so weiter. Unsere Gesellschaft hat bereits begonnen, sich eine neue Wohlstandsdefinition zu erarbeiten. Immer mehr weiche Faktoren werden uns wichtig bei der Bewertung von Produkten wie auch bei der Bewertung unserer Arbeit. Selbst so „ferne" Faktoren wie den Schutz unserer Umwelt oder den CO_2-Verbrauch unserer Produkte bewerten wir immer mehr als Qualitätsmerkmale unseres Wohlstands.

Auch und gerade bei der Arbeit werden uns – sobald wir uns aus der Angst um unseren Arbeitsplatz befreien konnten – weiche Faktoren immer wichtiger. Wo fühlen wir uns wohl? Wo können wir uns besser einbringen und entfalten? Wo werden wir gefördert statt behindert und gegängelt? Wo wird eine offene Informationskultur gepflegt? Wo gibt es eine aktive Fortbildungsförderung? Wo werde ich wie am Erfolg des Unternehmens beteiligt? Wo bedeutet Loyalität vor allem Teamgeist und Mitverantwortung für den gemeinsamen Erfolg und nicht blindes Hierarchiedenken? Immer mehr Menschen erkennen auch, dass Unternehmen, die ihre Unternehmensphilosophie im Sinne einer hohen Selbstverantwortung und Selbstentfaltung ihrer Mitarbeiter definieren, auch wirtschaftlich viel erfolgreicher sind als Unternehmen, die noch auf eine entmündigende Beziehung zwischen Arbeitgeber und Arbeitnehmer setzen. Wer also einen Arbeitsplatz mit mehr Selbstverantwortung sucht und findet, wird in aller Regel auch wirtschaftlich nicht schlechter, sondern besser dastehen, teilweise sogar sehr viel besser.

Wir steuern also auf eine Welt zu, in der wir sehr viel selbständiger und selbstbestimmter sein werden, in der sich unser immaterieller Wohlstand unvergleichlich verbessern wird und in der auch unser materieller Wohlstand noch deutlich zunehmen wird. Wir müssen dafür nur lernen, mehr Verantwortung für unser Leben und unser Umfeld zu übernehmen. Die Verantwortung für unser Lebensglück wie für die Qualität unseres Lebensumfelds wird in einem für viele von uns noch kaum vorstellbaren Maße auf einen jeden von uns übergehen. Wir werden lernen müssen, Lebensunternehmer zu werden, und wir werden lernen, damit genauso leicht und selbstverständlich umzugehen, wie wir gelernt haben, Fahrrad zu fahren oder zu schwimmen.

Eine Vorahnung, wie unser aller berufliche Zukunft aussehen wird, kann uns das Beispiel des Profifußballs geben. Nehmen wir den FC Bayern München. Hier wird bereits das Arbeitssystem der Zukunft erfolgreich praktiziert. Einem Fußballer, der dort einen Vertrag unterzeichnet, geht es nicht darum, innerhalb Hierarchieebenen dieses Vereins Karriere zu machen, um dann irgendwann Chef des FC Bayern zu werden. Es geht ihm vielmehr darum, sich dort entfalten zu können und sich dafür noch möglichst teuer zu verkaufen. Ein Herr Schweinsteiger tut genau das, was er am liebsten tut und was er am besten kann. Er strebt keinesfalls nach dem Amt eines Herrn Beckenbauer oder Hoeneß. Die Unternehmenslogik des FC Bayern setzt keine Karriere innerhalb der Unternehmenshierarchie voraus, um ein Spitzengehalt zu verdienen. Von den Führungskräften dieses Unternehmens, sei es ein Herr Hitzfeld, Hoeneß oder Beckenbauer, verdient keiner auch nur annähernd so viel wie der einfache Angestellte Herr Schweinsteiger.

Jeder Angestellte arbeitet hier nicht nur für das Unternehmen FC Bayern München, sondern auch für sich selbst.

Die bedingungslose Loyalität zum Arbeitgeber reicht genau bis zum Vertragsende. Heute schlägt er sich nach einem Erfolgserlebnis vor laufenden Kameras auf die Brust, auf der das Logo des Arbeitgebers prangt, um seine Loyalität zu bekunden. Er wird die maximal mögliche Leistung seinem jeweiligen Arbeitgeber zur Verfügung stellen, nicht nur um diesem zu nutzen, sondern auch um seinen eigenen Marktwert zu steigern und somit den maximalen Profit für sich zu erzielen. Bereits morgen kann er die gleichen Rituale für einen vollkommen anderen Arbeitgeber praktizieren und ebenfalls seine Loyalität bekunden.

Der FC Bayern München kommt mit dieser Berufsauffassung seines Angestellten gut zurecht, da auch er nur Loyalität bis zum Vertragsende erwartet. Für seine Zukunft ist Herr Schweinsteiger selbst verantwortlich und gestaltet sie mit dem, was er leidenschaftlich gerne tut und am besten kann. Vielleicht entdeckt er später auch seine Leidenschaft als Trainer und kehrt in dieser Funktion tatsächlich irgendwann zum FC Bayern zurück. Der FC Bayern wird ihn dann aber ganz sicher nicht deshalb einstellen, weil er zuvor einmal ein guter Bayern-Spieler war, sondern weil er dann ein guter Trainer ist. Vielleicht geht er auch den Weg eines Herrn Netzer und wird ein gefragter Moderator. Oder er entdeckt seine Leidenschaft für vernachlässigte Kinder und gründet für diese eine Stiftung, in der er Sinn und Erfüllung und eine ganz andere Form der Professionalität findet.

Selbstverständlich gibt es für alle Beispiele auch berechtigte Einwände. Sicher gibt es noch wenige Arbeitsfelder, in denen das Verhältnis von Arbeitgeber und Arbeitnehmer schon so radikal neu geordnet ist, dass sich die Begriffsbedeutungen fast umkehren: Der „Arbeitnehmer" Schweinsteiger „gibt" seine Arbeit dem „Arbeitgeber" FC Bayern, dieser „nimmt" sie – gegen eine handfeste Vergütung. Wenn der

„Arbeitnehmer“ seine Arbeit diesem „Arbeitgeber“ nicht mehr geben will, sondern einem anderen interessierten „Arbeitgeber“, so sitzt der bisherige „Arbeitgeber“ eindeutig am kürzeren Hebel. Die Zahl derartiger Arbeitsverhältnisse wächst. Noch ist nicht absehbar, wie schnell und wie weitgehend eine analoge Entwicklung in den zahlreichen anderen Branchen und Arbeitsfeldern ablaufen wird. Aber bedenken wir, ich spreche hier vom 21. Jahrhundert und nicht vom Jahr 2008. Der Weg ist das Entscheidende, und dieser ist eindeutig vorprogrammiert. Es ist ein schleichender, aber unaufhaltsamer Prozess, der bereits voll im Gange ist und uns alle vor neue Herausforderungen stellt. Je früher wir es begreifen, desto besser für uns.

Die neue Freiheit

Wäre diese Entwicklung dann der programmierte Untergang von Industriekonzernen?

Aus dem momentanen Blickwinkel heraus würden unsere Großkonzerne mit dieser Umstellung dauerhaft aussterben. Umfragen an führenden europäischen Universitäten bestätigen eindeutig diesen Trend. Auf die Frage nach dem bevorzugten Arbeitgeber für den kommenden Berufseinstieg landeten die renommierten Industrieunternehmen auf den hintersten Rängen. Die meistgenannten Unternehmen waren McKinsey & Company und Boston Consulting Group. Bei allen führenden Unternehmen handelt es sich um Unternehmensberatungen und Branchen, in denen es nicht so sehr auf die stetige Karriere innerhalb eines Unternehmens ankommt, sondern auf ständig neue, wechselnde Herausforderungen mit einem hohen Maß an Eigenverantwortung.

16 Prozent dieser Studenten suchten überhaupt keinen Arbeitgeber, sondern wollten sofort den Weg in die Selbständigkeit wagen. In Deutschland träumt fast jeder zweite Arbeitnehmer von der Selbstverwirklichung durch die Selbständigkeit.

Warum unsere Industrieunternehmen die Verlierer dieser Umfrage sind, zeigen uns ebenfalls die meistgenannten Antworten auf: zu wenig Entfaltungsmöglichkeiten, zu viele Intrigen, zu viel Routine sowie zu wenig Eigenverantwortung. Auf die Frage, wie viel Prozent ihrer Energie Manager in Großunternehmen für die Überwindung unternehmensinterner Widerstände verbrauchen, gaben diese Prozentsätze zwischen 50 und 70 an. In mittelständischen Unternehmen liegen diese zum Vergleich bei 20 bis 30 Prozent und bei „Hidden Champions", den besonders erfolgreichen mittelständischen Weltmarktführern in Nischenmärkten, nur zwischen zehn und 20 Prozent.

Markus Flick, CEO von der Firma Behr, Weltmarktführer in der Motorkühlung und Fahrzeugklimatisation, fasst den vielleicht reizvollsten Vorteil dynamischer Unternehmen so zusammen: „Wir haben ein großes Plus, das uns von vielen unserer Wettbewerber unterscheidet: Es ist die innere Kraft, die in unserer Firma steckt, die uns die Herausforderungen bewältigen lässt, die uns nie aufgeben lässt und die es uns ermöglicht, scheinbar Unmögliches zu bewerkstelligen. Diese innere Kraft fußt auf unserer Unternehmenskultur." Bei Behr kommt dies durch eine besonders große Innovationsfreude zum Ausdruck und Platz 16 bei der Zahl der Patentanmeldungen in Deutschland für dieses eher kleine Unternehmen.

Die wirklich guten Leute verlassen zunehmend unsere Konzerne, weil sie anderenorts mehr Innovationsfreude und weniger Widerstand erleben, kurz, weil sie dort mehr

Spielraum finden, um sich selbst zu verwirklichen. Hierdurch werden viele Großunternehmen, ähnlich wie in der Politik, mehr und mehr zum Spielball für mittelmäßige Talente. Dieser Istzustand wird noch häufig durch Produktionsverlagerungen in Billiglohnländer verschleiert. Anfallende Probleme werden hier sehr häufig durch verstärkte Manpower beseitigt, da für die so dringend notwendigen Innovationen die hierfür klugen Köpfe fehlen.

Trotz dieser negativen Situation bin ich der Ansicht, dass unsere Großkonzerne diese Probleme lösen können. Die zuvor angesprochene Umfrage unter Studenten ergab nämlich auch, dass 68 Prozent aller Betroffenen ebenfalls ein hohes Einkommen sowie ein geringes Risiko als für sie wichtig angaben. Sie suchen mehr Selbständigkeit nicht als das alleinige oder stark dominierende Ziel, sondern möglichst in gleichgewichtiger Verbindung mit gutem Geld und guter Sicherheit. In Konzernen können sie heute höchstens zu zehn Prozent ihren Drang nach Selbständigkeit ausleben, der Rest geht für Bürokratie, Intrigen oder sinnlose Meetings drauf. Wenn Konzerne lernen, besser mit dem Wunsch nach mehr Eigenverantwortung ihrer Mitarbeiter umzugehen, werden sie die Menschen mit höherem Sicherheitsbedürfnis nicht nur halten können, sondern sie werden von der Freisetzung von deren schlummernden Potenzialen massiv profitieren. Wo sich Konzerne wieder mehr als lernende Organisationen verstehen, schrumpft der bürokratische Leerlauf, der Hierarchie betonende Widerstand schwindet und die verantwortungsbereite Leistungsfreude nimmt wieder zu.

Der für die Zukunft unserer Gesellschaft so wichtige Wunsch nach mehr Selbstentfaltung und Eigenverantwortung findet bei manchen zu leichtfertig seinen Ausdruck im Traum von der wirtschaftlichen Selbständigkeit. Wer in die eigene Tasche wirtschaftet, ist selbstbestimmt und frei, so der häufige Kurzschluss. Was viele Existenzgründer dabei absolut falsch einschätzen, ist die Tatsache, dass es ihnen in den ersten Jahren kaum anders ergeht als in stark abhängigen Arbeitsverhältnissen: 95 Prozent der Arbeitszeit gehen für Papierkram, Finanzierungsgespräche, Steuern, Personalprobleme und ebenfalls sinnlose Meetings verloren. Das Einkommen ist häufig jahrelang geringer und das Risiko wesentlich höher. Die explosionsartig gestiegenen Konkurse dieser Selbständigen in den vergangenen Jahren unterstreichen eindrucksvoll diese Behauptung. Wer einfach nur seinen Traum verwirklichen und seine Ideen umsetzen möchte, der kann an den Realitäten der Selbständigkeit sehr leicht verzweifeln.

Geld, Unabhängigkeit und Sicherheit, und das möglichst alles zugleich, dies sind keine guten Voraussetzungen für eine erfolgreiche Selbständigkeit. Um in der Selbständigkeit erfolgreich zu werden, muss man schon mit Leib und Seele Unternehmer sein, um auch die harten Zeiten durchzustehen. Die meisten sind keine wirklichen Unternehmer im ökonomischen Sinne, aber sie können und sollten unbedingt so schnell wie möglich Lebensunternehmer werden, Unternehmer ihrer eigenen besten Potenziale.

Die meisten Menschen erwarten sich von ihrer Arbeit Geld, Unabhängigkeit und Sicherheit. Unternehmertum wird nie wirklich Sicherheit bieten können, aber Konzerne könnten ihren Beschäftigten alles drei zugleich bieten. Genau hierin sehe ich die Chance und Steilvorlage für unsere Konzerne. Dazu müssen sie mehr Freiräume, mehr Individualität anbieten. Wenn sie lernen, interessantes, selbstbestimmtes Arbeiten zu ermöglichen, werden die eigentlichen Träume der meisten Arbeitnehmer zu verwirklichen sein und die Zufriedenheit sowie Loyalität kehren zurück. Je mehr Freiraum die Unternehmen bieten, desto flexibler werden sie zugleich auf neue Wendungen des Marktes reagieren und sich somit auf den Märkten des 21. Jahrhunderts behaupten können.

Werden es alle schaffen?

Wenn ich diese Thematik mit Freunden diskutiere, werden oftmals Zweifel an der Reife der Bevölkerung laut. Ob das wirklich alle schaffen? Ob die Menschen wirklich alle unter solchen Bedingungen arbeiten können? Jeder für sich selbst verantwortlich – was um Himmels willen mag dabei herauskommen? Schauen wir uns einmal ein Beispiel an, das mich veranlasst, diese unaufhaltsame Veränderung positiv zu beurteilen.

Obwohl bisher in unserer Gesellschaft in der Tat nur Einzelne hierfür ihre Reife unter Beweis gestellt haben, glaube ich, dass es praktisch jeder kann, sobald er es muss. Nehmen wir das Beispiel der Bürger aus der ehemaligen DDR. 40 Jahre lang war es für diese Menschen eine Selbstverständlichkeit, nicht alles, was das Herz begehrt, kaufen zu können, auch wenn sie das Geld hierfür gehabt haben. Auf viele Dinge mussten sie lange warten und teilweise mussten sie diese viele Jahre im Voraus bestellen.

Andere Sachen wurden auf Vorrat gekauft, weil sie nicht immer zur Verfügung standen. Man kaufte, wenn es gerade einmal da war. Manches gab es einfach nicht und es wäre sinnlos gewesen, darüber nachzudenken, es zu bekommen, selbst wenn das Geld vorhanden gewesen wäre. Für einen Urlaub auf Mallorca zu sparen war einfach sinnlos.

Dann kam die Wende und die Welt veränderte sich. Das Verhältnis, das die damaligen DDR-Bürger bis zum Mauerfall zur Freiheit des Konsums hatten, entspricht ziemlich genau dem Verhältnis, das wir bis heute zur Freiheit der Arbeitswahl haben. Für die DDR-Bürger galt es als „normal", dass man nicht kaufen kann, was man will. Für uns gilt es bis heute als „normal", dass man nicht einfach das als Arbeit machen kann, was man will. Wir sind in Bezug auf die Arbeitswelt bis heute von dem Denken geprägt: Wir müssen arbeiten, um zu leben, nicht, um uns zu entfalten. Dies ist nur wenigen vergönnt oder gilt nur für einen kleinen Teil unserer Arbeit. Bis zu mancher Wunscharbeit wird es sicherlich Jahrzehnte dauern. Anderes wird nur möglich sein, wenn es gerade angeboten wird. Und manches wird es auch gar nicht geben, wie einen Unternehmer mit einer Dreitagewoche. Natürlich gibt es immer auch die berühmten Ausnahmen, die Personen unter uns, die eine völlige Freiheit genießen. Es sind nicht viele, aber es mag sie geben. Aber auch in der DDR gab es einige Menschen, die im Besitz von Westmark waren und so im Intershop einkaufen konnten. Mit einem solchen Denken blockieren wir uns täglich selbst in der Erschließung der Möglichkeiten, das zu tun, was uns motiviert und was uns glücklich macht. Muss dies so bleiben?

Das Beispiel des Mauerfalls zeigt uns, was passiert, wenn eine ganze Gesellschaft über Nacht in einen sogenannten Freiheitsschock versetzt wird und innerhalb kürzester Zeit über Möglichkeiten verfügt, auf die sie in keiner Weise vorbereitet war. Das Ergebnis war sehr bemerkenswert. Es passierte, entgegen weitverbreiteten Befürchtungen, eigentlich gar nicht viel. Die Vorstellungen von beladenen Ostdeutschen, die sämtliche Supermärkte in Westberlin leer kaufen, als gäbe es morgen schon nichts mehr, erfüllten sich nur für wenige Wochen. Binnen kürzester Zeit passte sich ihr Kaufverhalten an die neuen Freiheiten an. Es war nicht mehr die Ware, die knapp wurde, sondern das Geld. Von allen Schocks, die den Menschen die Wiedervereinigung gebracht hat, war ausgerechnet derjenige, dem man so viel

Bedeutung zugemessen hatte, der wohl am leichtesten zu bewältigen war.

Ähnlich wird es mit den bevorstehenden Veränderungen am Arbeitsmarkt sein. Es wird viel Lärm gemacht, aber zum Schluss wird unsere Gesellschaft hiermit reibungslos leben und die neuen Freiheiten genießen. Natürlich wird es Hilfen für den Übergang geben müssen. Aber entscheidend wird sein, dass wir unsere Haltung verändern.

KAPITEL 2

Wie unser Land zum Weltmeister einer Lebensunternehmerkultur werden kann

Dieses zweite Kapitel widmet sich der Frage, was wir zur Veränderung der Kultur in unserem Lande tun können, konkret: was wir zum Durchbruch einer Lebensunternehmerkultur in Deutschland, Österreich, der Schweiz und so weiter tun können. Dieses Kapitel stelle ich ganz bewusst vor den nachfolgenden Kernteil dieses Buches, der sich mit der Frage befassen wird, wie jeder Einzelne sich auf den Weg zu einem erfolgreichen Lebensunternehmer begeben kann. Doch die eigentliche Schlüsselfrage, was *wir* tun können, wird in schöner Regelmäßigkeit überschattet, überholt und letztlich zunichtegemacht von unserem inneren Drang nach Antworten und Bestätigungen, wie uns die verschiedensten Umstände von einem selbstbestimmteren Leben abhalten. Dieses Denken gewinnt so häufig gegenüber der Entscheidung zu einer wirklich entscheidenden Wende in unserem Leben, dass wir diese Blockade vorab bearbeiten müssen. Ansonsten wird es sich auch bei der Lektüre dieses Buches letztlich wieder so machtvoll in unser Denken einschleichen, dass am Ende erneut die Gewissheit siegen wird: Gegen die Macht der Umstände bin ich weitestgehend chancenlos.

Wie können wir uns aus dieser so übermächtigen und permanenten Selbstentmachtung für unser Leben befreien? Eine wichtige Übung hierzu kann sein: Wir schauen uns die Umstände, die uns scheinbar so machtvoll in unsere ge-

genwärtige Lebenssituation hineinzwängen, mit einer ganz bewusst sehr einseitigen Betrachtungsweise an. Wir folgen nicht länger dem Rat unserer Lehrer, die uns in der Schule beibrachten, immer eine möglichst objektive Sicht der Dinge zu entwickeln. Stattdessen entscheiden wir uns ganz im Gegenteil dazu, eine möglichst subjektive Sicht zu gewinnen. Weshalb? Ganz einfach: Bei einer objektiven Sicht gibt es immer derart viele Mitspieler, die auf die Rahmenbedingungen unseres Lebens Einfluss nehmen – Politiker, Medien, Arbeitgeber, Kollegen, Familie und Tausende mehr –, dass wir selbst dabei immer nur wie die Fliege im Netz erscheinen können: klein, abhängig und ziemlich verloren.

Der subjektive Blickwinkel auf die Welt ist ein gänzlich anderer. Er stellt die Frage in den Mittelpunkt: Was kann *ich* tun? Diese Sichtweise ist ganz sicher nicht objektiv im Sinne von ausgewogen, aber sie ist dennoch objektiv wesentlich wirkungsvoller und befreiender und sie führt sehr objektiv zu einem wesentlich glücklicheren Leben, wie unzählige Studien nachgewiesen haben.

Stellen wir also die höchst subjektive Frage zunächst an der scheinbar schwierigsten Stelle: Was kann *ich* tun, damit in unserem Lande eine Aufbruchstimmung Platz greifen wird und wir Weltmeister in einer neuen Disziplin werden, in der Verwirklichung einer Kultur von Lebensunternehmern, die ihr Leben kraftvoll in die eigene Hand nehmen? Packen wir die Dämonen, die uns ständig einreden wollen, wie gering unsere Chancen zu substanzieller Veränderung in Richtung mehr Lebensglück sind, also bei den Hörnern. Wenden wir sie in ihr Gegenteil, indem wir ihnen zeigen: Wir sind das Volk.

Eine Veränderung ist bei dieser entschieden subjektiven Herangehensweise garantiert: *Wir* werden anders handeln, wenn wir uns ernsthaft die Frage stellen, was wir gerne anders haben wollen in unserer unmittelbaren Lebensumgebung, in unserem Land und in der Welt. *Wir* werden in jedem Fall an Gestaltungsfreiheit und an Gestaltungsfreude gewinnen in dem Maße, wie ernsthaft wir uns auf diese Frage einlassen. Die Veränderung kann aber noch wesentlich weitreichender sein: Je mehr Menschen sich auf diese Weise auf den Weg machen, desto wahrscheinlicher wird auch eine Veränderung in unserer gesamten Kultur. Noch nie hat sich eine Kultur anders verändert als dadurch, dass Menschen mit der Veränderung begonnen haben.

Warten auf den Messias oder wagen, selbst zuzupacken

Gerade die deutsche Geschichte kennt beide Extreme: das Herbeisehnen eines Führers, der wie ein Messias alles für uns richten und uns den richtigen Weg weisen wird, und das eigene kraftvolle Zupacken, nachdem die Hoffnung auf den Führer alles in Schutt und Asche gelegt hat.

Ein Kind, das im heutigen Deutschland zur Welt kommt, wird ein komplett anderes Leben vorfinden als das, das seine Eltern gelebt haben. Es wird sehr bald feststellen, dass sehr viele der heutigen Erwachsenen mit einer Lebenslüge versuchten, durch diese Welt zu kommen. Es wird feststellen: Erneut breitete sich eine Art „Warten auf den Messias" aus, ein Warten auf jemanden, der für uns alles besser machen wird. Auch wenn es viele gravierende Unterschiede zu der Zeit zwei Generationen vor den heutigen Erwachsenen gibt, so gibt es auch einige grundlegende Parallelen. Hoffentlich werden nicht erst unsere Kinder die notwendige Wende vollziehen und lieber wieder mehr auf ihre eigene Kraft zum Zupacken setzen als auf jene von irgendwelchen Führern.

Viele in unserer gegenwärtigen Generation suchen die Schuld für unsere gesellschaftlichen Probleme am Arbeitsmarkt, in der Wohlstandsverteilung, bei der Bildung und in vielen anderen Bereichen lieber bei anderen. Sei es die Globalisierung oder seien es die Unternehmer und die Politiker – immer sind es die Umstände oder die anderen, die die Verantwortung für die Misere und das Versagen tragen. Selbst die Verantwortung zu übernehmen wäre nicht akzeptabel. Ich selber kann nicht die Verantwortung dafür tragen, dass es mir nicht besonders gut geht. Diesen Gedanken lassen wir in uns erst gar nicht aufkommen. Ich habe doch nicht die Verantwortung dafür, dass mein Betrieb Arbeitsplätze abbaut. Ich habe doch immer meinen Job getan. Ich habe eine ordentliche Ausbildung hinter mich gebracht und mehrere Fortbildungen absolviert. Ich habe brav meine Sozialversicherung und meine Steuern bezahlt. Und als Dank dafür ernte ich jetzt jeden Tag weniger Sicherheit. Habe ich das verdient? Also Schuld haben doch bitte schön die anderen.

Tatsächlich werden wir in dieser Haltung täglich bestätigt, wenn wir den Fernseher einschalten oder die Tageszeitung aufschlagen. Eine Flut von Nachrichten strömt auf uns ein, die allesamt von negativen Ereignissen berichten. Die globale Welt überschüttet uns mit solcherart Informationen, und immer wieder sind diese Informationen mit Schuldzuweisungen verknüpft. Die Politiker geben sich wechselseitig Schuld, Unternehmer geben den Gewerkschaften die Schuld und umgekehrt, beide geben den Politikern die Schuld, Politiker schieben die Schuld wieder an diese zurück und so weiter. Wir fühlen uns bestätigt. Die anderen sind es und nicht ich. Ich allein kann da wohl wenig ändern.

Werfen wir gemeinsam einen Blick auf unsere Geschichte. Immer dann, wenn es uns wirklich schlecht ging, hatten wir ein besonders starkes Bedürfnis, die Dinge zum Besseren zu wenden. Als der Krieg vorbei war und alle Menschen damit beschäftigt waren, zu überleben, wurde ein besonders starker Wille sichtbar, schnell und gründlich und vor allem selbst etwas zu ändern. Ein jeder krempelte die Ärmel hoch. Es wurde angepackt und etwas bewegt in Deutschland. Nicht zu Unrecht wurde dieses Handeln damals als das sogenannte Wirtschaftswunder tituliert, um das uns bis heute noch die gesamte Welt beneidet. Der Deutsche, der nie aufgibt und immer wieder aufsteht, wurde von vielen bewundert. „Made in Germany" war nach dem Zweiten Weltkrieg von den Siegermächten eigentlich als ein Brandmal gemeint für deutsche Produkte. Doch wie schnell konnten wir dies in ein Gütezeichen für eine besondere Qualität wenden. Wir zeigten der Welt, zu welchen Taten wir fähig sind.

Die freie und soziale Marktwirtschaft funktionierte damals wirklich perfekt. Das Geben und Nehmen dieser Gesellschaft war harmonisch. Man gab die tägliche Arbeitsleistung und wurde hierdurch mit Wohlstand belohnt, einen Wohlstand, der so gewaltig war, dass es schon fast an paradiesische Verhältnisse erinnert im Vergleich zu dem, was nur kurze Zeit zuvor im selben Land an Not und zerstörten Verhältnissen herrschte. Binnen weniger Jahrzehnte kam eine Flut von Luxus über uns. Die Kühlschränke waren voll, es gab Fernseher und wir sprachen vom Urlaub in fremden Ländern. Autos füllten unsere Straßen und ermöglichten uns eine bis dahin nie gekannte Flexibilität unseres Alltags.

Ja, es ging uns wirklich gut. Die weltweite Nachfrage nach unseren Produkten war gigantisch. Um unseren natürlichen Durst nach immer mehr von diesem so begehrenswerten Luxus zu stillen, beschlossen wir kurzerhand, unser Einkommen auf neuen Wegen zu erhöhen. Zunächst schickten wir unsere Frauen von unseren Kindern weg, um ebenfalls zu arbeiten. Ganz nebenbei erschufen wir auf diese Weise die sogenannten Schlüsselkinder, was sich später noch sehr rächen sollte. Doch zunächst wuchsen vor allem die Wirtschaft und unser Wohlstand weiter: Das zweite Auto, der zweite Urlaub sowie der zweite Fernseher hielten Einzug in unsere Familien.

Die Philosophie der sozialen Marktwirtschaft, von Ludwig Erhard eingeführt, wie auch das Agieren der Gewerkschaften trugen lange Zeit dazu bei, dass unsere Rechte an breiter Teilhabe am wachsenden Wohlstand gut berücksichtigt wurden. Doch irgendwann begannen wir ein Spiel, das uns nicht gut bekam und das wir eigentlich gar nicht beherrschen: Wohlstand sichern durch Forderungen und nicht durch Mehrleistung. Der Ruf nach weniger Arbeit und mehr Geld wurde lauter in Deutschland. Wie war das noch gleich mit dem Esel, dem es zu gut geht?

Wir sind als Menschen dazu prädestiniert, etwas zu schaffen, und besonders wir Deutsche haben hierin nach einer besonders bitteren historischen Erfahrung wahre Meisterschaft erreicht. Wir haben gezeigt, dass wir etwas aufbauen können, um das uns alle beneiden. Den Karren aus dem Dreck ziehen, das können wir wie kein anderer. Ich habe in meinem Leben viele Länder bereist und durfte viele Kulturen und Fähigkeiten von Völkern kennenlernen. Doch niemals habe ich solch ausgeprägte Fähigkeiten zur Not-Wendigkeit angetroffen wie bei den Deutschen. Nirgendwo habe ich ein größeres Potenzial ausgemacht, etwas aufzubauen, als in unserem Land.

Wenn ich nicht in Deutschland leben würde und auch wenig Kontakt zu unserem Land hätte, würde ich nach diesen Zeilen denken: „Schön und gut, aber warum ist Deutschland dann heute nicht mehr ganz oben? Wenn die Deutschen doch diese Fähigkeiten besitzen, warum nutzen sie diese nicht mehr?“

Die typisch deutsche Gesellschaft gibt es nicht mehr. Sehen Sie sich einmal in Ihrem Bekanntenkreis um. Sie werden schnell feststellen, dass unsere Gesellschaft sich verändert hat. Unser kulturelles Bild hat sich verändert. Die Gründe hierfür sind vielseitig und bedürfen eines genaueren Hinsehens.

Wie weltoffen sind wir?

Heute leben Millionen Menschen unter uns, deren Herkunft in anderen Kulturen zu suchen ist. Zunächst kamen viele Menschen in unser Land durch die Suche nach sogenannten Gastarbeitern, die uns bei der Bewältigung des gigantischen Wirtschaftsbooms helfen sollten. Später wurde unser Land immer multikultureller durch die allgemeine Globalisierung unseres internationalen Zusammenlebens. Studenten aus allen Ländern suchten ihren Studienplatz in unserem Lande, global agierende Unternehmen griffen auf den immer offeneren internationalen Arbeitsmarkt zurück.

Aus meiner Sicht ist dieses etwas absolut Positives. Unsere Welt ist kleiner geworden. Wir haben hierdurch ungeahnte Möglichkeiten und sehen den sogenannten Rest der Welt aus einer komplett anderen Sicht. Deutsche Ingenieure sind überall besonders willkommen. Aber nicht nur durch die Qualität unserer Produkte verschafften wir uns weltweit Achtung. Auch unsere vermittelnde, besonders auf Frieden und Ausgleich gerichtete Nachkriegspolitik führte zu einem hohen Ansehen in nahezu allen Ländern der Welt. Man nimmt uns ab, dass wir es nach den Erfahrungen des Zweiten Weltkriegs ernst meinen mit fairen und demokratischen Spielregeln, und man rechnet uns die Leistung beim Aufbau unseres eigenen Landes sowie die aktive Mitwirkung beim Aufbau der Europäischen Union hoch an.

Im Grunde sind, zumindest im internationalen Vergleich gesehen, nahezu ideale Voraussetzungen gegeben für eine höchst konstruktive und erfolgreiche Rolle unseres Landes in der globalisierten Welt. Und dennoch schöpfen wir diese nur weit unter den vorhandenen Möglichkeiten aus und bauen uns selbst völlig überflüssige Stolpersteine und Barrieren. Lassen Sie mich versuchen, die Gründe hierfür kurz zu erläutern.

Ich wurde 1955 in einer westfälischen Kleinstadt geboren und wurde mit einer Weltanschauung erzogen, über die ich heute nur schmunzeln kann. Was hat man mir alles für dummes Zeug erzählt. Egal, was auch passierte, die Russen hatten immer Schuld. Wir waren die Guten, darum war auch alles, was aus dem Westen kam, ganz toll, und alles Schlechte kam nur aus dem sogenannten Osten.

In religiösen Fragen wurde strikt unterschieden. So gab es in den Schulen unterschiedlichen Religionsunterricht. Evangelische und katholische Schüler, die eine Klasse besuchten, wurden getrennt, wenn es um die Kirche ging. Unsere Nachbarn, die einer anderen Konfession angehörten, wurden heimlich mit Schimpfworten bedacht, die wir Kinder untereinander lauthals auf der Straße verbreiteten. Später, als sich diese wechselseitige Fremdheit zwischen den christlichen Konfessionen langsam auflöste, wurde sie gegenüber den nicht christlichen Religionsgemeinschaften weitergepflegt.

Insgesamt war für uns der Rest der Welt lange Zeit doch sehr weit weg. Wir machten uns keine Gedanken über andere Völker oder Kulturen. Es reichte uns, was wir durch die Medien erfuhren. Greifbar war diese Welt für uns ja doch nicht, da sie kaum einer näher kannte. Und wenn doch jemand etwas zu erzählen hatte, dann waren es zum größten Teil Geschichten aus dem Krieg, in dem Einzelschicksale und nicht die Kulturen und das Leben in diesen Ländern im Vordergrund standen.

Eigenschaften wie Liebe, menschliche Größe, Toleranz oder Verständnis für andere wurden in den Zeiten des blühenden Wirtschaftswunders eher selten verlangt. Die Weitergabe dieser Fähigkeiten an die Jugend wurde zum größten Teil den Kirchen übertragen. Diese beschränkte sich dadurch auf ein absolutes Minimum, da hierfür ein weltoffener Geist notwendig gewesen wäre. Leider mangelte es damals sowie heute den Kirchen an diesen Fähigkeiten. Alle diese Verfehlungen wurden jedoch lange Zeit gar nicht bewusst, solange es mit Deutschland aufwärtsging und ein jeder es verständlicherweise in vollen Zügen genoss, Mitglied in einer aufblühenden Wohlstandsgesellschaft zu sein.

In einer Welt, die tagtäglich enger miteinander verflochten ist, kann man kaum eine größere Dummheit begehen, als sich gegenüber Menschen anderer Völker, Kulturen und Religionen desinteressiert, abweisend oder gar aggressiv zu verhalten, so wie es nicht nur in manchen ausländerfeindlichen Aktivitäten zum Ausdruck kommt. Wenn wir uns wirklich fit machen wollen für die globalisierte Welt, brauchen wir nichts dringender als einen weltoffenen Geist. Erst die klare Entscheidung für Tugenden wie Zuneigung, Wertschätzung oder Kooperation auf gleicher Augenhöhe lässt die oben angesprochenen guten Grundlagen des Ansehens der Deutschen in der Welt zur echten Blüte gereichen.

Jeder Einzelne, der sich für solche ethische Prinzipien entscheidet, wird davon sofort für sich persönlich reichlich profitieren. Und für Jobs in der globalisierten Wirtschaft wird er sich dadurch sofort einen entscheidenden Vorteil verschaffen. Deutsche Unternehmen, die mittelbar oder unmittelbar im Weltmarkt agieren, denken längst so, aber noch immer hat sich dies nicht überall in der Bevölkerung herumgesprochen.

Gesellschaftliche Verantwortung mit emotionaler Intelligenz verknüpfen

Trotz des Aufrufs an jeden Menschen, sein Leben selbst in die Hand zu nehmen, existiert in jeder Gesellschaft auch das tragende Phänomen gesellschaftlicher Verantwortung und Führung. Eine Gesellschaft aktiver und hoch verantwortungsbewusster Lebensunternehmer ist dennoch auch eine Gesellschaft, in der es Führungsverantwortung gibt und geben muss. Wie kann und sollte diese aussehen? Und in welcher Lage befindet sie sich heute?

Mit Führungsverantwortung ist hier nicht nur die Ebene der politischen Führungspersönlichkeiten oder der Firmenchefs gemeint. Letztlich ist nahezu jeder Mensch in irgendeiner Beziehung in Führungsverantwortung, sei es im Eltern-Kind-Verhältnis, sei es in kleinen Arbeits- oder Freizeitteams, sei es vom älteren zum jüngeren Geschwister, sei es auch in der paritätischen Verantwortung zur Frage: Wie führen wir gemeinsam unsere Ehe oder Partnerschaft. Und ich möchte noch einen Schritt weitergehen: In gewisser Weise führt auch der scheinbar oder tatsächlich Untergeordnete den scheinbar oder tatsächlich Übergeordneten.

Für alle diese zwischenmenschlichen Beziehungen gilt der Satz, der inzwischen zu meinem persönlichen Leitsatz geworden ist: „Wer Menschen führen will, muss Menschen mögen." Da es bei allen der hier angesprochenen Formen von Führung um Menschen geht und da wir alle zumindest in gewissen Formen von Führungsverantwortung stehen, können wir zur Frage von gesellschaftlicher Führungsverantwortung alle wesentlich mehr mitsprechen, als wir dies oft meinen.

Jeder von uns, der eine gewisse Machtposition gegenüber anderen Menschen hat oder auch nur zeitweise in einer gewissen Machtsituation diesen gegenübersteht, trägt eine gewaltige Verantwortung für unsere Zukunft. Ob Eltern, Chef, Angestellter, Politiker oder sonst etwas – jeder von uns ist hier in seiner Verantwortung gegenüber der Gesellschaft gefordert. Nur wer an seiner ganz persönlichen gesellschaftlichen Verantwortung kontinuierlich arbeitet, kann dauerhaft eine intakte Gesellschaft erwarten. Also Führungsschwäche ist nicht allein unseren Politikern vorzuhalten, nein, ein jeder von uns hat hieran zu arbeiten. Gesellschaftliche Verantwortung und Führungsqualität kann und muss jeder erlernen, gleichgültig, wie alt er ist. Jeder muss damit jetzt beginnen und daran lernen bis ins höchste Alter.

Im Kern geht es bei jeglicher Führungsverantwortung, ob nur gegenüber wenigen Menschen oder für ein ganzes Volk, immer um dasselbe: Die Qualität und der Erfolg von Führung entscheiden sich an deren emotionaler und ethischer Intelligenz.

Was ist mit emotionaler Intelligenz gemeint? Sie bezeichnet die Fähigkeit, anderen Menschen genau zuzuhören, sie zu verstehen und wertzuschätzen, eine positive innere Verbindung zu ihnen herzustellen und mit ihnen in Offenheit, ermutigend und fördernd zu kommunizieren. Sie werden eine komplett andere Welt kennenlernen. Sie werden innerlichen Frieden erleben, wenn sie hiermit beginnen. Anderen Menschen etwas zu geben, und sei es nur Entgegenkommen, Liebe, Toleranz oder auch nur ein Lächeln, kann Ihre Welt komplett zum Positiven verändern.

Und was meint ethische Intelligenz? Sie spricht die Fähigkeit an, unsere emotionale Intelligenz einzusetzen für die Verwirklichung universeller menschlicher Prinzipien und Wertvorstellungen in unserem eigenen Handeln und in unserem Einfluss auf die Gestaltung gesellschaftlichen Handelns. Es geht dabei um Prinzipien wie die Wechselseitigkeit, die in allen Weltreligionen in fast gleicher Wortwahl in der goldenen Regel gefasst ist – wünsche jedem anderen dasselbe, das du für dich wünschst –, ferner um Werte wie Gerechtigkeit, Fairness, Mitgefühl, Solidarität, Ehrlichkeit oder Friedfertigkeit.

Ein wesentlicher Grundstein für meinen persönlichen beruflichen Erfolg war genau diese emotionale und ethische Intelligenz, die ich mir im Laufe meines Lebens erarbeitet habe. Lange Zeit bin ich wie ein Blinder durch diese Welt gelaufen und habe meinen Weg fürs Leben gesucht. Bis ich mein erstes Buch über emotionale Intelligenz gelesen habe und fortan meinen Weg gegangen bin. Nur weil Worte wie Liebe, Wärme oder Gefühle angeblich „out" sind, tun wir es einfach nicht mehr. Wollen Sie auch hier weiter warten, bis etwa die Kirche sich ändert und uns diese Werte zurückbringt? Fangen Sie endlich an und warten Sie nicht immer darauf, dass andere das Glück zu Ihnen bringen. Diese wunderbaren Schätze, die zudem keinerlei Geld kosten, haben mir mein Leben in jeder Hinsicht versüßt. Ich denke häufig darüber nach, warum wir uns so tolle kostenlose Geschenke einfach haben nehmen lassen.

So etwas wie das erste Gebot der emotionalen Intelligenz ist das Vertrauen. Und bereits hier zeigt sich, wie sehr emotionale Intelligenz auf Wechselseitigkeit aufgebaut ist. Ein Kind, das kein Vertrauen in die Eltern hat, und Eltern, die kein Vertrauen in ihr Kind haben, haben eines gemeinsam: Diese Beziehung wird scheitern. Dasselbe gilt für das Team, das kein Vertrauen in den Trainer hat, und den Trainer, der kein Vertrauen in sein Team hat. Es gilt für den Chef, der kein

Vertrauen in seine Mitarbeiter hat, wie für die Mitarbeiter, die kein Vertrauen in ihren Chef haben. Und es gilt genauso für Politiker, die kein Vertrauen in ihr Volk haben, wie für eine Bevölkerung, die ihren Politikern nicht mehr vertraut. Politik auf einer dieser beiden Grundlagen, gleichgültig auf welcher, wird immer scheitern.

Für den Bereich der Politik ergibt sich daraus die folgende doppelte Führungsverantwortung: Ein Politiker muss Vertrauenswürdigkeit zum obersten Prinzip seines Handelns machen, und er muss Vertrauen in die eigene Bevölkerung haben, dass sie die jeweils aktuellen Herausforderungen für deren beste Weiterentwicklung verstehen und meistern kann. Ein Bürger hat die Verantwortung, die Substanz der Vorschläge der Politiker genau verstehen zu wollen und einen geschulten Blick auf die Vertrauenswürdigkeit der Politiker zu werfen.

Vor dem Hintergrund des hier Gesagten haben Politiker heute vor allem selbst den entstandenen Vertrauensschwund zu verantworten. Ein hohes Maß an Verantwortung für den Vertrauensschwund tragen ferner die Medien durch die heutige Logik ihrer Berichterstattung. Doch zunächst zu den Politikern.

Über einen langen Zeitraum war unser Land nach dem Zweiten Weltkrieg durch große Staatsmänner gesegnet. Sie sprachen offen aus, welche gesellschaftlichen Gestaltungen sie in zentralen Fragen für wichtig erachteten für die weitere Entwicklung dieses Landes. Sie traten auch dann für ihre Meinungen ein, wenn diese nicht oder noch nicht populär waren. Dies verschaffte ihnen Respekt und Vertrauen – von Adenauer und Erhardt über Brandt, Wehner, Schmidt und Strauß bis Kohl.

Doch mit den Herausforderungen der Globalisierung trat plötzlich ein herber Vertrauensverlust ein. Die Menschen waren sich nicht mehr sicher, dass die Politiker wüssten, wie sich unser Land erfolgreich auf die Globalisierung einstellen könne. Sie erlebten die Politiker in einer Mischung aus Hilflosigkeit und Populismus, konzeptlosem Aktionismus und blindwütigem Aufeinandereinschlagen. Ich möchte an dieser Stelle bewusst nicht auf einzelne Politiker schimpfen, aber den erlittenen Vertrauensschwund hat nur einer zu verantworten, der Politiker selbst.

Greifen wir einen der vielen Ratschläge heraus, die uns zur Bewältigung der Anpassungskrise an die Globalisierung angeraten wurden. Immer wieder wurde der Bevölkerung erzählt, ausreichendes Wachstum gäbe es nur, wenn die Binnenkonjunktur anspringe. Um dieses zu schaffen, bräuchte die Bevölkerung ja nur mehr Geld auszugeben. Diese Äußerung stimmt volkswirtschaftlich zwar, aber wenn wir Angst vor dem Morgen haben, wenn wir kein Vertrauen in die Zukunft haben, helfen auch an sich richtige Vorschläge nicht mehr weiter. Wir wissen nicht, was kommt, und deshalb haben wir keine Planungssicherheit. Wir sparen für eine ungewisse Zukunft.

Das Medien-Abonnement auf „bad news“

Der Vertrauensverlust in der Politik hat viel mit unserer heutigen Medienwelt zu tun. Dort bestimmt die Gier nach Einschaltquoten das tägliche Geschäft. Welche dramatischen Auswirkungen ein falscher Umgang mit der Macht haben kann, zeigen uns viele Fernsehanstalten in Deutschland. Diese operieren immer mehr nach dem verhängnisvollen Spruch „Only bad news are good news“. Wenn wir uns an den Leitspruch „Wer Menschen führen will, muss Menschen mögen“ erinnern, kann man nur zu der Schlussfolgerung kommen, dass unsere Medienwelt sich weit von ihrer gesellschaftlichen Verantwortung entfernt hat.

Nehmen wir als Beispiel, wie unsere Fernsehanstalten damit umgegangen sind, dass die deutsche Gesellschaft auf die Herausforderungen der Globalisierung vor allem mit Kopfhängenlassen reagiert hat. Es ist jedem klar: Je mehr dieses Hängenlassen nur analysiert, diskutiert und beschrieben wird, desto tiefer wird der Kopf sinken. Bei der ständigen Suche nach mehr Einschaltquoten hat man sich jedoch genau diese Schwäche zunutze gemacht. In Talkshows wurde problematisiert und problematisiert. Ernsthafte Suche nach Antworten, wie diese Probleme gelöst werden könnten, war nicht gefragt. Dafür lässt die Verpflichtung auf kürzestmögliche Antworten und ein ständiges gegenseitiges Unterbrechen gar keinen Entfaltungsraum.

Die *Frankfurter Allgemeine Zeitung* hat sich einmal die Mühe gemacht, eine Auswahl von Titeln aus drei Jahren der bekanntesten Fernseh-Talkrunden zusammenzustellen. Ohne das Wo oder Wann zu nennen, hier nur einige Ausschnitte aus den Themen:

- Macht dieses Steuersystem Deutschland kaputt?
- Jung gegen Alt – Wer zockt wen ab?
- Deutschland bankrott – Euro in Gefahr?
- Und dann gehen die Lichter aus – Städte vor der Pleite
- Renten, Schulden, Steuern – Verliert die Politik die Kontrolle?
- Alles privat – Wo bleibt der Sozialstaat?
- La le lu – Verpennt Vater Staat die Zukunft unserer Kinder?
- Die vergreiste Republik – Keine Chance für die Jungen?
- Der erstarrte Staat – Zu viel geregelt, zu viel gequatscht?

- Viel Streit, keine Richtung – Wohin treibt Deutschland?
- Sozialfall Deutschland – Vom Ende einer Wirtschaftsmacht
- Schwarzarbeit – Sind wir ein Volk von Kriminellen?
- Kein Kurs. Nirgends. Die Berliner Politik ohne Konzept
- Absteiger Deutschland – Rote Karte für die Politik?
- Trübe Aussichten. Wie schwierig wird das neue Jahr?
- Albtraum Alter – Wer zahlt die Zeche?
- Kranke zur Kasse bitte
- Sozialstaat ade – Wo bleibt die Gerechtigkeit?
- Deutschland ohne Perspektive – Wie kommt die Wirtschaft aus der Krise?
- Schule in Not
- Steht der Osten auf der Kippe?
- Kommt jetzt die große Krise?
- Zu faul, zu krank, zu alt: Sozialstaat vor der Wende?
- Setzen, Sechs. Dichter, Denker, dumme Deutsche

Dieses ist wirklich nur ein Ausschnitt aus den Themen. Positive Merkmale in irgendeinem Thema über all die Jahre? – Fehlanzeige. In allen diesen Sendungen wird Tag für Tag nur kritisiert und gemahnt. Vielen Teilnehmern geht es nicht um eine konstruktive Kritik, um damit dieser Gesellschaft wirklich zu helfen. Nein, die meiste Kritik ist längst zum Selbstzweck verkommen und dient ausschließlich zur besseren Selbstdarstellung.

An dieser Stelle verstärken sich die beschriebenen Führungsschwächen der Politik und der Medien: Der Christdemokrat Friedrich Merz meinte einst, dass die Runde bei Sabine Christiansen wichtiger sei als eine Parlamentsdebatte. Wenn das so ist, warum fordern dann Politiker nicht

Talkrunden-Formate, die ihnen eine verantwortungsvolle Auseinandersetzung mit den Zukunftsanforderungen unserer Gesellschaft erlauben? Was ist ihnen wichtiger: Selbstdarstellung oder konstruktive Führungsverantwortung so, wie sie zuvor beschrieben wurde? Wer über mediale oder über politische Meinungsmacht verfügt – beide, Medienleute und Politiker, haben in einem freien Land selbstverständlich die Entscheidungsfreiheit, wie sie mit dem Medium Fernsehen umgehen. Wir müssen ihnen daher die klare Frage stellen: Machen sie von ihrer Machtsituation positiven Gebrauch? Mögen sie Menschen? Beeinflussen sie sie positiv oder nutzen sie diese Macht dazu aus, um persönliche Vorteile daraus zu ziehen?

Kann man sich wundern, wenn der Effekt solcher Art medialer Politikkultur zu Äußerungen wie diesen in der Bevölkerung führt: Die machen ja sowieso, was sie wollen. Ist ja doch nur alles Mist.

Die Frage nach unserer gesellschaftlichen Verantwortung, nach unserer gesellschaftspolitischen Führungsverantwortung, richtet sich jedoch auch in diesem Punkt nicht allein an die Politiker und an die Medien, die in diesem Falle die Hauptakteure zu sein scheinen. Sie richtet sich in gleicher Weise an jeden von uns. Auch wir gehören zu den Hauptakteuren. Haben Sie sich gerade dabei ertappt, genau so zu denken: Die machen ja sowieso, was sie wollen. Ist ja doch nur alles Mist? Die Sendeanstalten werden sagen, sie tun genau das, was wir wollen. Sie senden, was ihnen die Einschaltquoten – also wir – ihnen als Wunschprogramm definieren. Natürlich zwingt die Medien niemand, ihre eigene Verantwortung und Ethik durch die Einschaltquote zu ersetzen. Aber dennoch ist auch richtig, dass die Einschaltquoten eine Widerspiegelung *unseres* gesellschaftlichen Verantwortungsbewusstseins sind. Also warum schauen wir so etwas an? Es zwingt uns doch keiner. Wir allein entscheiden, was wir uns ansehen oder auch nicht.

Wie immer liegt das Gute ganz in unserer Nähe, in diesem Falle in unserer Entscheidungsnähe. Lassen wir die Profi-Miesmacher doch allein in ihren Studios sitzen. Volksverdummung kann nur dann geschehen, wenn es der eine tut und der andere dies zulässt.

Es sind tatsächlich wir, die es durch unser Medienverhalten zulassen, dass ein Politiker namens Friedrich Merz zum Reformer des Jahres 2004 ausgezeichnet werden kann, nur weil er die Schnapsidee hatte, dass mit einer Steuerreform unsere Steuererklärungen künftig auch auf einem Bierdeckel Platz haben müssten. Nichts, aber auch gar nichts kam über die Art und Weise aus seinem Mund. Mit keiner Silbe hat er verraten, wie dies gehen sollte. Ganz allein der eine Satz hat ihm die von uns durch Einschaltquoten bewilligte Auszeichnung ermöglicht. Ist dies verantwortungsvolle Führung durch die Politik? Ist dies verantwortungsvolle Führung durch die Medien? Ist dies verantwortungsvolle Führung durch uns Zuschauer? Es ist also Selbstkritik angesagt. Wir sind es, die all diesen Blödsinn ermöglichen.

Wir sollten uns immer wieder neu bewusst machen: Mit unseren Entscheidungen in den vielen kleinen und größeren Dingen des Lebens entscheiden wir nicht mehr und nicht weniger als unser Leben und unsere Zukunft. Und letztlich sind wir es ganz allein, die diese Entscheidungen treffen und die die Hauptfolgen von unseren Entscheidungen zu tragen haben. Wenn es uns wichtiger ist, nur recht zu behalten mit unseren Ängsten, dann akzeptieren wir damit auch die unvermeidliche Folge, dass der Kreislauf von Ängsten in schöner Regelmäßigkeit in Depressionen führt. Ihr Leben wird hierdurch keinerlei positive Veränderung erfahren können. Was ist also zu tun?

Wir müssen uns entscheiden, ob wir recht oder Erfolg haben wollen. Wer Erfolg haben will, kann sich nur für ein konstruktives Denken und Handeln entscheiden. Lassen wir es also nicht länger zu, dass man uns in den Medien als Versager oder Verlierer bezeichnet. Wir sind Deutschland und wir bestimmen, wer uns in Berlin oder auch im Fernsehen vertritt. Wagen Sie den Schritt zum Positiven. Sie werden schnell merken, dass Sie nicht alleine sind. Wir alle haben das Bedürfnis nach schöneren Dingen des Lebens. Ändert sich unsere Einstellung, ändert sich auch unser Leben.

Wie schaffen wir neue Arbeitsplätze?

Jeder von uns weiß inzwischen: Die heutige Herausforderung an uns alle steht unter der großen Überschrift Globalisierung. Wir leben heute in einer komplett anderen Welt als noch vor wenigen Jahrzehnten. Einige wenige Fakten mögen uns dies veranschaulichen:

Wir befinden uns mitten in der größten Erweiterung eines weltweiten Arbeitsmarkts, der je in der Geschichte der Menschheit stattfand: In den traditionellen Industrieländern des Nordens haben wir derzeit etwa 350 Millionen gut ausgebildete, aber teure Arbeitskräfte. Dank der Entwicklung der Europäischen Union und der offenen Wirtschaftsbeziehungen zu Nordamerika hatte dieser Teil der Welt schon längere Zeit einen weitgehend offenen Arbeitsmarkt. Als sich dieser dann um etwa 90 Millionen Arbeiter aus Japan, Hongkong, Taiwan, Malaysia und Singapur erweiterte, war dies noch nicht bedrohlich. Viele Arbeitsplätze wanderten ab, aber die technologische Dynamik und der globale Hightech-Vorsprung unserer Länder reichten aus, um daraus sogar Vorteile einer globalen Arbeitsteilung ziehen zu können.

Doch mit dem Ende des Kommunismus und der parallelen technischen Erleichterung von globalem Know-how-Transfer und globalem Handel treten derzeit in atemberaubender Geschwindigkeit rund 1,5 Milliarden Menschen in erwerbsfähigem Alter aus den Aufsteigerländern in den nunmehr weltweit offenen Arbeitsmarkt ein. Hierunter befinden sich allein jedes Jahr sieben Millionen neue Akademiker aus China und Indien, die auch hochwertige Arbeitsplätze in der Technologie besetzen können. 400 Millionen Menschen aus diesen Ländern wurden in den vergangenen zehn Jahren bereits Teil des globalen Arbeitsmarktes, mehr als eine Milliarde Menschen stehen ferner Schlange, um den Einstieg zu schaffen, und durch starke Geburtenüberschüsse wachsen jährlich 100 bis 200 Millionen noch nach. Der Einstieg der heute noch ärmeren Weltregionen in diesen unabwendbar immer offeneren Weltarbeitsmarkt ist hierbei noch gar nicht berücksichtigt, obwohl jetzt selbst die afrikanischen Länder, die lange als verloren galten, sich inzwischen eines nach dem anderen wirtschaftlich entsprechend öffnen.

In einem Wort: Die gesamte Welt will den wirtschaftlichen Erfolgswegen der alten Industrieländer folgen. Und jedes dieser Länder weiß: Der Weg geht über den offenen Weltarbeitsmarkt. Entscheidend ist also unsere Antwort auf die Frage nach der Zukunft der Arbeit. Die offene Welt ist geschaffen und niemand kann das Rad der Geschichte zurückdrehen. Die Wirtschaft, die Politik und wir Bürger, alle müssen nun neue, der Situation angemessene und zukunftsweisende Antworten finden. Der Prozess der Globalisierung ist derart einschneidend, dass es ein verhängnisvoller Trugschluss wäre, wenn wir meinen, wir könnten die Suche nach passenden Antworten allein der Politik und der Wirtschaft überlassen. Heute ist jeder von uns ein „Global Player", auch wenn ihm dies noch nicht bewusst geworden ist.

Wie bereits erwähnt, gibt es keinen Grund, dass wir in Panik ausbrechen müssten. Eine Welt, in der nun zehnmal mehr Menschen die Chance auf ein angemessenes Leben erhalten, muss für niemanden ein Verlustspiel werden. Ein Land wie Deutschland, das sich nach wie vor in der Position des Exportweltmeisters befindet, kann dabei noch aus einer besonders privilegierten Position heraus handeln. Worum es geht, ist ein Anpassungsprozess, ein Umstellungsprozess, das Finden und Umsetzen eines neuen Verständnisses von Arbeit und von der eigenen Rolle in einer insgesamt wesentlich chancenreicheren Welt. Ohne Frage wird es dabei Risiken und Unsicherheiten geben, die zumindest vorübergehend mit einem Zurückschrauben von bestimmten Bequemlichkeiten verbunden sind. Aber am Beginn einer Beschäftigung mit einem neuen Hobby, einer neuen Sportart oder auch einer neuen beruflichen Ausrichtung ist dies nirgends vermeidbar. Mit einem klaren Blick auf das, was wir erreichen wollen und können, können unsere Bemühungen in Richtung zu neuen Ufern dennoch bereits von Beginn an mit einer positiven Haltung und mit positivem Erleben jeden Fortschritts auf diesem Weg verbunden sein.

Wenn wir zunächst den Blick auf die Wirtschaft richten, werden wir schnell feststellen, dass diese sich mit ihren Handlungsoptionen im Rahmen des offenen globalen Wettbewerbs bewegt. Dieses System muss zwar nicht als gottgegeben und unveränderbar angesehen werden, wie manche Wirtschaftswissenschaftler uns weismachen wollen. Aber ein Unternehmer, auch ein großer Konzern, kann nicht einfach gegen die Bedingungen eines vorhandenen Systems verstoßen, wenn er überleben will. Unternehmer und Spitzenmanager sollten viel mehr, als sie dies heute tun, über Verbesserungen unseres weltweiten Wirtschaftssystems nachdenken und hier viel mehr gesellschaftliche Gestaltungsverantwortung übernehmen. Der Bundesverband für Wirtschaftsförderung und Außenwirtschaft (BWA) ist ein Beispiel für ein solches aktives Vordenken aus der Wirtschaft heraus für eine humane und nachhaltige Gestaltung der Globalisierung, und seine ersten Erfolge auf diesem Wege sind bemerkenswert. Doch all dies ändert nichts daran, dass die Wirtschaft ihr Handeln zumindest kurz- bis mittelfristig zunächst an den Gegebenheiten des jetzigen Systems ausrichten muss. Was bedeutet dies konkret?

Vor allem die großen Unternehmen haben ihre wirtschaftliche Entwicklung auf dem Wege von Aktiengesellschaften finanziert. Sie waren und sind leider auch heute noch das Zauberwort der Finanzwelten. Verdammt dazu, immer höhere Renditen zu erzielen, machten sich unsere Wirtschaftsbosse auf die Suche nach günstigeren Produktionsstandorten sowie neuen Märkten für ihre Produkte. Dies ist ein vollkommen normaler Prozess, denn aus Sicht eines deutschen Unternehmens ist dies eine absolute Notwendigkeit, um das Überleben und somit auch unsere Arbeitsplätze zu sichern.

In den Jahren 2002 bis 2006 haben die 30 deutschen DAX-Unternehmen ihre Belegschaft in Deutschland um 3,5 Prozent reduziert. In der Tat haben sie gleichzeitig sehr viele neue Arbeitsplätze in anderen Ländern geschaffen, wo die Löhne wesentlich niedriger sind und sich die Infrastrukturvoraussetzungen mit hoher Geschwindigkeit verbessern im Verhältnis zu den alten Industrieländern. Aus Sicht der Arbeitnehmerschaft kann dies leicht als der Anfang einer dramatischen Katastrophe wahrgenommen werden. Das Problem des bundesweiten Stellenabbaus, zumindest bei den großen Konzernen, wird uns noch über Jahre hinweg beschäftigen.

Doch was hilft es uns, wenn wir auch über diese Situation wieder nur stöhnen, ohne die für uns notwendigen Konsequenzen zu ziehen? Wir schimpfen über Unternehmen, gehen auf die Straßen, um zu protestieren, und verfluchen die Vorstandsvorsitzenden wegen ihrer Handlungen, was an den Tatsachen jedoch nichts ändert. Fakt ist, dass die Systeme, in denen wir leben, die jeweiligen Verantwortlichen dazu zwingen. Ich glaube nicht, dass es viele Chefs in Deutschland gibt, die gerne Entlassungen einleiten. Letztlich ist es nicht der Unternehmenschef, sondern der Aktionär, der Entlassungen verlangt.

Aktionäre verlangen, dass immer höhere Gewinne abgeliefert werden, denn nichts anderes entscheidet über den Kurs und somit den Wert eines Unternehmens an der Börse. Noch einmal: Es ist nicht die einzelne Person, sondern das System, das solches Handeln verlangt. Für die Medien sind neue Entlassungsmeldungen immer wieder ein gefundenes Fressen. Öffentlich werden Firmenchefs an den Pranger gestellt. Von sozialer Ungerechtigkeit, verantwortungslosen Vorständen sowie sozialer Kälte ist die Rede. Genau dies will die Gesellschaft hören.

Natürlich kann es für Entlassungen unterschiedliche Gründe geben, darunter auch schlechte Unternehmensführung. In solchen Fällen ist Kritik selbstverständlich auch angebracht. Oft sind die Gründe jedoch notwendige Anpassungen an die Bedingungen der Globalisierung, und oft ist es tatsächlich so, dass ein bestimmtes Maß an Verlagerungen von Arbeitsplätzen dazu beiträgt, andere Arbeitsplätze bei uns zu sichern. Was hätte also ein Politiker mit verantwortungsvollem Führungsbewusstsein sagen können in einer solchen Situation? Etwa dies:

„Verzeiht mir die folgenden Sätze. Sie werden euch wehtun, aber es ist zu eurem und unser aller Wohl. Die globale Welt gibt uns sehr viel, fordert uns aber auch täglich zum Wettbewerb heraus. Arbeitsplätze in Deutschland können dauerhaft nur dann gesichert werden, wenn ein jeder von uns etwas kann, was unser Wettbewerb eben nicht kann. Mit durchschnittlichen Leistungen Arbeitsplätze sichern, das wird zukünftig nicht mehr klappen. Ich möchte ein Beispiel aus unserer Automobilindustrie anführen.

Gehen wir davon aus, dass Sie sich ein neues Mittelklassefahrzeug zulegen wollen. Als Erstes sondieren Sie den Markt, um sich ein Bild über das Angebot zu machen. Schnell werden Sie feststellen, dass es noch nie so viele Angebote gab wie zur heutigen Zeit. Dann bekommen Sie Angebote von fast gleichwertigen Fahrzeugen, die sich jedoch im Preis um bis zu 35 Prozent unterscheiden. Wenn Sie wirklich fast gleichwertige Qualität bekommen, werden Sie sich für das günstigere entscheiden. Unsere Wettbewerber sind längst nicht mehr nur die billigsten, nein, sie haben auch in der Qualität aufgeschlossen und bieten ihre Fahrzeuge dadurch oftmals günstiger an. Wie sollen wir dann unsere Autos in Zukunft verkaufen?

Die Automobilhersteller haben intern längst die Antwort gefunden: Etwas können, was anderen noch schwerfällt, Know-how erarbeiten und Premium-Marken anbieten. Ohne dass wir es alle so richtig mitbekommen haben, hat sich das Angebot der deutschen Automobilindustrie gravierend geändert. Innerhalb kürzester Zeit ist es gelungen, den Weltmarktanteil an Premium-Klassen von 15 Prozent auf sagenhafte 60 Prozent zu steigern. Stellen Sie sich einmal vor, 60 Prozent aller Autos der besonderen Art werden von deutschen Firmen gebaut. Die freie Marktwirtschaft hat ihren Weg gefunden.

Wenn Sie die damit verbundenen Herausforderungen an Ihrem Arbeitsplatz nicht annehmen, werden wir Deutschen den Platz als Verlierer verlassen. Liebe Mitbürgerinnen und Mitbürger, die Welt ist eine andere geworden, aber ich bin sicher, Sie werden diese Herausforderung annehmen und auch meistern."

Wie hätten Sie reagiert, wenn ein Politiker in Führungsverantwortung sich mit solchen Worten an Sie gewandt hätte und möglicherweise noch einige vorausschauende Maßnahmen verkündet hätte, wie die Politik Sie auf dem Wege dieser Anpassung unterstützen will? Einfach immer nur die Schuld bei anderen suchen verlängert nur den Zustand des Tiefschlafs, der uns nur noch mehr in den Abgrund reißen würde.

Ich möchte an dieser Stelle ein Beispiel aus meinem eigenen Unternehmen anführen, an dem jeder sehen kann, wie die Wende sehr konkret funktionieren kann.

Die Stadt, in der ich lebe, hat vor einiger Zeit eine GmbH gegründet, die die Erledigung von sehr einfachen Dienstleistungen wie Einkäufe tätigen oder auch Gartenarbeiten anbietet. Diese Arbeiten werden vor allem von ausländischen Mitbürgern verrichtet, die sehr schwer dem Arbeitsmarkt zugängig gemacht werden können.

Als ich eines Tages meinen Garten generalüberholen musste, entschloss ich mich, diese Dienstleistungen in Anspruch zu nehmen. Kurze Zeit später standen sechs junge Männer in meinem Garten und arbeiteten. Einer von ihnen hatte so etwas wie eine Vorarbeiterfunktion inne. Ich bemerkte schnell sein Interesse an der Arbeit. Er vermittelte mir das Gefühl, hier wird schon alles gut gehen. Er war mir sympathisch und so kamen wir ins Gespräch.

Nun muss man wissen, dass der Ausbildungsstand dieser Menschen oft nicht den Anforderungen bei uns entspricht und häufig auch Sprachprobleme hinzukommen. Dauerarbeitslosigkeit ist daher bei dieser Personengruppe keine Seltenheit. Doch irgendwie sagte mir mein Bauchgefühl: „Nimm ihn, stell ihn ein, gib ihm eine Chance." Gesagt, getan, kurze Zeit später trat er eine Arbeitsstelle in meinem Unternehmen an.

Ich machte ihn darauf aufmerksam, dass er nur dann einen dauerhaften Arbeitsplatz haben würde, wenn er sich kontinuierlich weiterbilden würde. Hierbei könne er teilweise mit meiner Unterstützung rechnen, aber nur dann, wenn die Fortbildungsmaßnahmen auch in sein privates Leben Einzug halten werden. Also ohne Wenn und Aber lernen, was das Zeug hält. Ich bestand darauf, dass der Mittelpunkt seines Lebens vorläufig seine Fortbildung sei. Innerlich rechnete ich natürlich mit Widerstand, mit Argumenten wie: „Ich habe doch eine Familie, um die ich mich kümmern muss." Oder: „Ich habe abends keine Zeit, weil ich auch noch Hobbys habe." Nichts dergleichen geschah. Seinen Augen war abzulesen, er freute sich auf diese Chance und würde sie beim Schopfe packen.

Was dann geschah, hat meine Einstellung in vielen Dingen verändert. Binnen zwei Jahren entwickelte sich dieser Mitarbeiter zum absoluten Juwel. Wir investierten in seine Weiterbildung und er hielt seinerseits Wort und kniete sich wirklich in seine Fortbildung. Unsere Kunden verlangten ihn immer häufiger. Er wurde in ganz Europa eingesetzt und löste die schwierigsten Aufgaben. Als ich ihn eines Tages unverhofft am Arbeitsplatz besuchte, kam ich genau in seiner Mittagspause an. Wie es in Deutschland eben so ist, während dieser Zeit wird häufig über Fußball gesprochen. Von Montag bis einschließlich Mittwoch wird über das Spiel vom vergangenen Wochenende diskutiert, ab Donnerstag nur über das Ereignis des kommenden Spieltags. Unser Mitarbeiter war auch dort, jedoch lag neben ihm ein Buch, in dem er las. *Englisch für Fortgeschrittene* stand darauf und ich fühlte mich bestätigt.

Sein Erfolg war kein Zufall. Er hatte es nicht mehr nötig, um einen Arbeitsplatz zu betteln. Nein, er war mittlerweile so gut, dass auch andere ihn nehmen würden. Dieser Mitarbeiter spiegelt aus meiner Sicht die Probleme, aber auch die einmalige Chance unserer Gesellschaft wider. Wir müssen die Herausforderung annehmen. Weiterbildung ist unsere einzige Chance auf dauerhafte Arbeitsplätze. Wir müssen umdenken. Der innerliche Ruf nach mehr Rechten oder Sicherheiten bringt uns nicht weiter. Selbstkritische Reflexion ist ein optimaler Anfang.

Während Sie diese Zeilen lesen, werden in Deutschland allein bis zu 20 000 Ingenieure gesucht und nicht gefunden. Es gibt sie nicht auf unserem Arbeitsmarkt. Der globale Wettbewerb um Arbeitsplätze hat längst begonnen. Es gibt keinen Grund, sich zu verstecken oder Angst zu haben. Aussprüche wie: „Was soll ich denn noch lernen", darf es nicht mehr geben. Ein jeder von uns hat die Möglichkeit, seine speziellen Fähigkeiten auszubauen.

Unsere Unternehmen in Deutschland werden auf Dauer nicht nach den billigsten, sondern nach den günstigsten Produktionsbedingungen suchen. Also zwingen wir sie doch durch unsere Leistung dazu, hierzubleiben. Zeigen wir ihnen doch, wer wir sind. Die Qualitäten unserer Gesellschaft, die uns in der Vergangenheit so stark gemacht haben, sind weltweit gefragter, als wir glauben. Draußen in der großen weiten Welt spricht man vom depressiven Löwen Deutschland. Erst haben sie sich schlechtgeredet, nun glauben sie es selber. Die sogenannte „German Angst" wird belächelt. Aber jeder unserer Wettbewerber hat ebenso viel Angst davor, dass dieser Löwe (wieder) wach wird.

Vielleicht hat diese Nachricht viele Menschen selbst in unserem Lande noch nicht erreicht: Viele vor allem mittelständische Unternehmen in Deutschland haben sich glänzend positioniert in der globalen Wirtschaft. Sie haben die Herausforderung bestanden – und sie haben nicht nur in anderen Ländern, sondern auch in unserem Lande viele neue Arbeitsplätze geschaffen. Man nennt sie die „Hidden Champions", die verborgenen Gewinner. In Deutschland zählt man rund 1 200 Unternehmen zu dieser Kategorie. Diese haben in den letzten zehn Jahren ganz alleine mehr als 300 000 neue Arbeitsplätze in Deutschland geschaffen und mehr als eine weitere halbe Million im Ausland. Viele dieser Unternehmen nutzten die Globalisierung, um in ihrem Bereich Weltmarktführer zu werden. Dies war nur auf einem Wege möglich: Ihre Mitarbeiter in Deutschland mussten in ihrem Sektor Weltspitze sein beziehungsweise werden und diese Unternehmen mussten an allen wichtigen strategischen Punkten in der Welt starke Außenposten haben mit möglichst rundum besten Beziehungen zu den Menschen in diesen Regionen. Die Mitarbeiter dieser Unternehmen haben die Herausforderung angenommen. Ihnen geht es, wie zahlreiche Studien belegt haben, im Vergleich zu ihren Kollegen in anderen Bereichen unserer Wirtschaft in jeder Hinsicht wesentlich besser. Sie fühlen sich fit für den Weltmarkt, sie ziehen bei allen erforderlichen Fortbildungen mit Eifer mit, sie verdienen gut, sie sind deutlich weniger krank und ihnen geht es auch psychisch deutlich besser als dem Durchschnitt

Das Potenzial für die bereits zu „Hidden Champions" entwickelten Unternehmen ist noch lange nicht ausgeschöpft und erst recht nicht das Potenzial an Unternehmen, die noch „Hidden Champions" werden können. Nicht nur „made in Germany", auch „made in the Germans way", also mit einem unbändigen Willen, sich die nötige Qualifikation zur Weltspitze anzueignen, hat die besten Chancen, einen Spitzenplatz zu behaupten, auch und gerade in Zeiten der Globalisierung.

Nochmals: Die Sicherheit Ihres eigenen Arbeitsplatzes liegt in Ihrer Hand. Ihr Arbeitgeber wird immer dem Ruf nach dem Günstigsten folgen, dazu zwingen ihn schon unsere Systeme. Für all diejenigen, die nun sagen: „Der hat gut reden. Ich allein kann doch nichts ändern. Ich arbeite in einem Unternehmen, das Tausende Mitarbeiter beschäftigt. Wie soll ich da etwas bewegen?", denen sei gesagt: „Sie haben absolut unrecht."

Es geht um Ihre Zukunft und nicht um den heutigen Tag. Selbst wenn Ihr Arbeitgeber Entlassungen vornehmen sollte, wird er immer das Bestreben haben, die Besten zu halten. Und sollte es nicht reichen und Sie werden entlassen, wird Ihnen Ihre persönliche Fortbildung helfen, einen neuen Arbeitsplatz zu finden. Immer mehr Personalleiter sind angehalten, insbesondere auch auf die emotionale Intelligenz der Bewerber zu achten.

Der Arbeiter aus meinem Garten hatte längere Zeit kein Glück gehabt. Aber er hat die Schwächen unserer Gesellschaft erkannt und genutzt und dient heute aus meiner Sicht als Vorbild für viele.

Der Wert der Werte

Ohne Moral und Ethik stirbt ein Volk. Ich habe mich in den vergangenen Jahren viel mit den Religionen dieser Welt beschäftigt. Ohne hierauf näher eingehen zu wollen, hat sich ein Satz in meinem Kopf fest verankert: „Ob Mensch, ob Tier oder Pflanze, mit der Geburt haben wir alle ein einziges Ziel: Glücklich werden." Dieser Satz stammt vom Dalai Lama und hat mich sehr beeindruckt. In seiner Schlichtheit drückt er doch das Wesen des menschlichen Strebens, ja jeglichen Strebens aus.

Sicher wird jeder Mensch nur zu bereitwillig diesem Satz zustimmen. Umso erstaunlicher, was wir in unserem Leben alles tun, um *nicht* glücklich zu werden, um *nicht* diesen Zustand zu erreichen. Wir geben der Beschäftigung mit den Problemen, mit dem, was uns Sorge und Ängste bereitet, immer wieder neu den Raum, um sich in unserem Herzen zu entfalten, obwohl jeder von uns um die simple Wahrheit weiß, dass uns schlechte Gefühle nicht nach oben ziehen können. Wir geben dem Guten in uns einfach zu wenig Gelegenheit, uns zu erfreuen. Den täglichen Kampf um das Glück können wir auf diesem Wege nur zunehmend verlieren. Wir verschaffen uns zu wenige Glücksgefühle und müssen von diesen dann so lange zehren, dass uns dabei regelmäßig die Luft ausgeht. In den anscheinend schlechten Phasen, wie wir Deutschen sie momentan täglich herbeireden, haben viele nicht mehr die Kraft zum Positiven.

Diese Kraft ist jedoch zu jeder Zeit in jedem Menschen vorhanden. Sie wird immer dann lebendig, wenn wir uns für sie entscheiden.

Welche ethischen und moralischen Grundwerte hat unsere Gesellschaft? Immer dann, wenn uns bewusst wird, unter welch glücklichen Umständen wir in Deutschland leben und welche fantastischen Möglichkeiten wir hier haben, erkennen wir plötzlich das positive Gesicht der Deutschen. Schauen wir uns einmal das Jahr 2005 an. Die Tsunami-Katastrophe hat unsere Herzen berührt. Für kurze Zeit waren wir eine andere Gesellschaft, die Fähigkeiten wie Mitgefühl oder die des Gebens neu entdeckte. Nie zuvor wurde irgendwo nur annähernd so viel gespendet wie in Deutschland, obwohl es uns nach unserer normalen täglichen Befindlichkeit doch eigentlich so schlecht geht.

Gelänge es uns, diese Werte dauerhaft am Leben zu erhalten, wären wir dem Satz vom Dalai Lama ein ganzes Stück näher gekommen. Leider gibt es für die Kontra-Position in unserem täglichen Leben sehr viel Nährboden. Wir müssen schon sehr stark sein, wenn diese Einflüsse von außen spurlos an uns vorübergehen sollen. Machen wir uns daher weitere positive Beispiele bewusst:

Der Stromausfall im Münsterland im November 2005 war ebenfalls ein Beispiel dafür, wie wir Deutschen eigentlich sind und sein können. Jeder half, der helfen konnte. Extreme Situationen wurden gemeinsam überwunden. Menschen hockten in der Kälte zusammen und machten sich gegenseitig Mut.

Beispiele dieser Art kennt ein jeder von uns. Moralische sowie ethische Grundsätze haben dieses Volk groß werden lassen. Es ist etwas Gutes, zu helfen, es ist etwas Gutes, Gefühle zu zeigen oder auch Schwächen einzugestehen. Eine positive Weiterbildung unseres Geistes muss und wird die Zukunft eines jeden von uns und somit die der gesamten Gesellschaft zum verdienten Glück führen. Glück entsteht aus der Orientierung an Werten, an der Umsetzung von ethischen Werten im persönlichen Tun. Es hat den Anschein, dass nun doch immer mehr Menschen in Deutschland dies wieder verstanden haben.

Auch wirtschaftliche Wertschöpfung hat ihre entscheidende Grundlage in der Bereitschaft aller, sich an ethischen Werten zu orientieren. Dies zeigt sich ganz besonders in schwierigen Situationen. Nehmen wir das Beispiel einiger Konzerne, bei denen die Belegschaft und die Unternehmensführung gemeinsam für eine andere Lösung kämpften als die eigentlich anstehende Entlassung eines Teils der Mitarbeiter. Sie haben zukunftsweisende Signale gesetzt. Firmen wie DaimlerChrysler und VW handelten mit ihren Mitarbeitern Vereinbarungen aus, bei denen die Mitarbeiter bereit waren, Mehrleistung zu erbringen ohne höhere Entlohnung. Dadurch können nun viele Arbeitnehmer weiterhin täglich ihrer Arbeit nachgehen. Sie waren gemeinschaftlich und solidarisch bereit, über den Tellerrand hinauszusehen. Sie haben nicht auf die Schwarzmaler gehört. Sie haben auch nicht weniger Einkommen, sondern geben Mehrleistung verbunden mit höchster Qualität und sichern so ihre Zukunft. Der globalen Welt wurde die Stirn geboten. Günstig produzieren in einem teuren Land? Ja, dies ist in Deutschland möglich.

Aus meinem eigenen Unternehmen, das im Dienstleistungssektor tätig ist, möchte ich Ihnen von weiteren Menschen berichten, die verstanden haben, wie wir in Deutschland zu mehr Aufträgen kommen. Es sind dies Arbeitnehmer, wie Deutschland sie braucht. Sie fragen nicht, sie tun. Sie nörgeln nicht, wenn es mal eng wird. Sie legen eine Flexibilität an den Tag, die wirklich einmalig ist.

Teile unseres Unternehmens bieten der Industrie sogenannte Feuerwehrfunktionen an. Qualitätsprobleme werden in kürzester Zeit behoben. In unserer Zentrale schellt somit zu den unterschiedlichsten Zeiten das Telefon. Keiner weiß, wann der nächste Auftrag kommt. Für den Mitarbeiter kann es also zu jeder Tages- und Nachtzeit losgehen. Wer in diesem Bereich arbeitet, hat keine geregelte Arbeitszeit, wie es die meisten von uns kennen. Erschwerend kommt hinzu, dass wir damit werben, in 90 Minuten an jedem Ort in Deutschland einsatzbereit zu sein. Was das im alltäglichen Leben bedeutet, kann man nur erahnen. Beim Einkaufen mit der Ehefrau oder jeglicher sonst möglichen und unmöglichen Situation kann das Telefon klingeln. Der Auftrag ist da und der Mitarbeiter muss sich sofort auf den Weg machen, wo auch immer er diesmal zum Einsatz kommen wird.

Ein solches Unternehmenskonzept geht nur mit einer unglaublichen Motivation sowie Loyalität zum Unternehmen. Diese Arbeitnehmer haben nun schon mehr als zehn Jahre lang für ein starkes kontinuierliches Wachstum gesorgt, obwohl unser Unternehmen teilweise wesentlich teurer ist als die Wettbewerber am Markt.

Warum ruft der Kunde dann bei uns an? Weil das Unternehmen etwas kann, was offenbar kein anderer in dieser Branche in ähnlicher Weise leistet. Unsere Mitarbeiter sind sofort und so lange es erforderlich ist bei jedem Auftrag im Hause eines Kunden zur Stelle und sie verhalten sich dort als vorbildlicher Gast. Sie sind nicht nur Ableister für eine bestellte Dienstleistung, sie sind Problemlöser. Um dieser deutlich anspruchsvolleren Anforderung gerecht zu werden, bedarf es einer gehörigen Portion an ausgebildeter emotionaler Intelligenz. Menschen müssen Menschen mögen, dies gilt auch in meinem Unternehmen nicht nur für die Menschen in offensichtlichen Führungsaufgaben. Jeder, der ein Problem lösen und die damit verbundene Dienstleistung ganzheitlich erfüllen will, muss dabei Führungsverantwortung leisten, und dies geht nur erfolgreich mit dem Leitmotiv: „Wer Menschen führen will, muss Menschen mögen.“ Unsere Mitarbeiter können sich in diesem Sinne benehmen und wissen genau um ihre Chance. Unsere Kunden haben sehr schnell verstanden, dass sie neben hoch qualifiziertem Personal auch besonders motivierte und somit ganzheitlich mitdenkende „Mitarbeiter auf Zeit“ erhalten. Unsere Kunden entscheiden sich somit zwar nicht für den billigsten Partner, aber für den unter dem Strich günstigeren Weg.

Wie groß dieser Unterschied ist, zeigt folgendes Beispiel. Unser Unternehmen lebt mit einer wirklich einzigartigen Philosophie des absoluten Miteinanders. Was dies im Einzelnen bedeutet, dazu später mehr. So viel nur vorweg: Um diese Philosophie zu leben, benötigen sich immer beide Parteien: Arbeitnehmer und Arbeitgeber. Der Arbeitnehmer muss diese Philosophie aus Überzeugung annehmen, um sie letztendlich erfolgreich leben zu können. Und die

Geschäftsführung muss diese vorbildlich vorleben und ihren Arbeitnehmern vertrauen, dass sie diese Philosophie ebenfalls leben können. Die Geschäftsführung erhält dafür etwas sehr Seltenes zurück: Ihr wird Vertrauen entgegengebracht.

In Deutschland klappt diese Philosophie einschließlich der beschriebenen Gegenseitigkeit sensationell gut. In den USA, wo es unser Unternehmen ebenfalls gibt, haben wir so unsere Schwierigkeiten mit unserer Philosophie. Es gelingt uns nicht in der gewünschten Weise, die Menschen auf unsere Seite zu ziehen. Der Erfolg unseres amerikanischen Unternehmens ist gegenüber unserer Muttergesellschaft in Deutschland daher auch eher beschämend. Hier in Deutschland bilden in unserem Unternehmen Arbeitgeber und Arbeitnehmer eine Einheit. Hier denkt ein jeder positiv für das Unternehmen und *auf diesem Wege* auch für sich selbst. In den USA herrscht dafür viel zu sehr die bekannte Jobmentalität vor, auf die sich Arbeitgeber und Arbeitnehmer eingestellt haben. Ein ernsthaftes Vertrauensverhältnis kann auf dieser Grundlage offensichtlich nicht so gut entstehen.

Wie unsere Kunden auf die offensichtlichen Mentalitäts- und Philosophieunterschiede in unserem deutschen und in unserem amerikanischen Unternehmen reagieren, ist für mich der Beweis dafür, dass ein jeder in Deutschland zu wesentlich mehr fähig ist, als es oftmals dargestellt wird: Deutsche Konzerne, die Probleme mit ihren Produkten in den USA haben, beauftragen uns immer häufiger, mit unseren Teams aus Deutschland tätig zu werden. Sie wissen genau, was sie tun. Wesentlich höhere Kosten wie Flug, Unterbringung oder Spesen werden in Kauf genommen, um sicher zu sein, das Beste zu erhalten. Ich ziehe meinen Hut vor solchen Mitarbeitern. Sie haben durch ihre besonderen Leistungen die globalisierte Welt zu ihrem Vorteil genutzt.

Was Deutschland braucht, sind die Machertypen

Was unser Land heute braucht, sind die sogenannten Machertypen – Menschen, die ein klares Ziel vor Augen haben und nicht täglich auf die Miesmacher in unserer Gesellschaft hören.

Es gibt sie überall in unserem Land. Menschen, die das Tun nicht als Last empfinden. Sie treiben sich nicht wöchentlich in Talkshows herum, um uns allen zu sagen, wie schlecht wir sind. Nein, sie sind eher die stillen Helden, die ihren Weg ganz klar vor sich sehen und anpacken, Typen wie Jochen Zeitz oder Wendelin Wiedeking, die schon seit Jahren dabei sind, Deutschland zu reformieren. Während andere reden und reden, gehen sie ihren Weg.

Vor etwa 20 Jahren galt die Firma Porsche als absoluter Übernahmekandidat an der Börse. Porsche sei viel zu klein, um dauerhaft im Konzert der großen Global Player mitspielen zu können, hieß es. Wiedeking hörte nicht auf das Gerede und hatte einen ganz einfachen Plan: Er wollte mit wirklich guten Mitarbeitern wirklich gute Autos bauen. Sonst nichts. Keinen Blödsinn bauen, keine Extratouren, nur das tun, was das Unternehmen am besten kann: gute Autos bauen. Der Markt wird es erkennen und honorieren, davon war Wiedeking überzeugt.

Eine einzigartige Erfolgsstory folgte. Alle Miesmacher und Schwarzmaler, die vorher sagten: „Kann gar nicht klappen, das geht auf gar keinen Fall", wurden eines Besseren belehrt. Heute ist Porsche trotz hoher Lohnkosten der profitabelste Autobauer der Welt. Wiedeking war von seinem Weg überzeugt und hatte Mitarbeiter, die an den Erfolg glaubten. So einfach ist das.

Oder nehmen wir das Beispiel Puma. Puma war bereits mit einem Bein über dem Abgrund, als Herr Zeitz kam. In

Deutschland wird zu viel geredet und zu wenig entschieden, sagte er und führte Puma binnen weniger Jahre in die Weltspitze und der Börsenkurs explodierte.

Beide, Wiedeking und Zeitz, sehe ich immer noch nicht in Talkshows. Es gibt viele unter uns, die diese Fähigkeiten Tag für Tag unter Beweis stellen. Menschen, die nicht jammern, sondern die Chancen sehen und nutzen. Menschen, die Visionen haben und mit einer positiven Grundeinstellung andere anstecken. Die deutsche Gesellschaft sehnt sich nach diesen Machertypen.

Es wäre daher höchste Zeit, in unseren Medien einen neuen Typus von Sendung neben oder statt der heutigen Talkshows zu etablieren, der Machern eine geeignete Plattform bietet, ihre Erfahrungen zu vermitteln und ihre Einsichten darzulegen. Mit kurzen ein- bis zweiminütigen Statements, die noch mehrfach unterbrochen werden, kann man konstruktive Dinge natürlich nicht vermitteln. Hier muss sich auch die Kommunikationskultur verändern und an die geänderte Aufgabenstellung anpassen. Dass die Nachfrage nach Machertypen und deren Erfahrungen vorhanden ist, zeigt unter anderem der Erfolg der noch jungen Wirtschaftszeitschrift *brand eins*. In kürzester Zeit ist diese Zeitschrift groß geworden mit der Präsentation von Menschen, die mit ihren Projekten und Unternehmungen anders als der Mainstream vorgegangen sind.

Unsere Gesellschaft muss lernen, einfach ein bisschen genauer hinzusehen. Suchen Sie das Gute, es ist wirklich nicht weit weg. Eine ganze Portion hiervon steckt auch in Ihnen. Geben Sie sich und dem Guten wenigstens eine Chance. Es kostet doch wirklich gar nichts. Was können Sie verlieren? Gehen Sie einfach einmal neue Wege.

KAPITEL 3

Wie jeder Mensch zum erfolgreichen Lebensunternehmer werden kann

Vielleicht haben Sie die beiden vorherigen Kapitel ein Stück ermutigt, dass Sie es doch schaffen könnten, zu einem aktiveren Lebensunternehmer zu werden, zu jemandem, der sein Leben in die Hand nimmt und es kontinuierlich zu Glück und Erfolg führt. Wahrscheinlich dürfte es sich aber eher noch um eine etwas vage Hoffnung handeln. Es könnte, ja, aber so wirklich sicher sind Sie sich noch nicht. Die jahrelang eingeübten Selbstzweifel, der mediale Dauerregen an negativen oder doch zumindest skeptischen Informationen macht es einem schwer, sich stabil und konsequent auf die Seite eines echten Lebensunternehmertums zu schlagen.

Gleichgültig, wie weit der Prozess der Entscheidung zum Lebensunternehmer in Ihnen gediehen ist, in jedem Fall wird es für Sie hilfreich sein, wenn Sie weitere Informationen erhalten, weshalb Sie es schaffen können, und wenn Sie weitere Bestätigungen erhalten, dass es tatsächlich sehr viel einfacher ist, als es die meisten Menschen für denkbar halten.

In diesem dritten Kapitel sehen wir uns zunächst eine Erfolgsstory an, wie nicht nur einzelne Menschen, sondern eine eher willkürlich ausgewählte Gruppe von Menschen fast zu 100 Prozent zu Lebensunternehmern wurde. Wenn Sie bestätigt finden, dass es jeder schafft, wenn er sich von dem neuen Denken nur anstecken lässt, dann sollte Ihre persönliche Entscheidung eigentlich über dem Berg sein. Daran anschließend werde ich jene Prinzipien und Handlungsempfehlungen näher erläutern, die nach meinen Erfahrungen für Ihre ganz persönliche Wende zum Lebensunternehmer zentral sind

Vom alten Eisen zum Edelstahl oder: Alles verloren – und mehr als alles wieder zurückgewonnen

Wir alle kennen die Information, nach der Deutschland selbst zum Zeitpunkt des Höchststandes an Arbeitslosen in den vergangenen Jahren 20 000 offene Stellen für Ingenieure zu bieten hatte, während dennoch 60 000 Ingenieure arbeitslos blieben. Sie galten als hoffnungslos unterqualifiziert und daher als nicht mehr vermittelbar. Weitaus die meisten von ihnen waren älteren Jahrgangs, viele wurden im Laufe der 1990er-Jahre entlassen, als allgemein die Ansicht herrschte, man müsste jeden möglichen Arbeitsplatz abbauen, um Kosten zu sparen, und die Jüngeren seien die Besseren. Wie altes Eisen aussortiert, brach bei vielen das Selbstwertgefühl in sich zusammen. Sie hatten die Hoffnung verloren, je wieder eine Chance in dieser Welt zu erhalten. Sie verloren nicht nur den Anschluss an die weiter voranschreitende technische Entwicklung. Sie verloren auch den Glauben an unsere Gesellschaft und den Glauben an sich selbst. Wer über viele Jahre hinweg jeden Morgen mit der erneuten Bestätigung dieses Selbstbildes aufwacht, für den ist es in der Tat alles andere als leicht, wieder Hoffnung zu schöpfen. Selbst die Vermittler beim Arbeitsamt beziehungsweise bei der Bundesagentur für Arbeit, wie es später hieß, stellten nach jedem Bewerbungsversuch das Attest „unterqualifiziert" aus. Wo und wie soll da Hoffnung aufkeimen können?

Ich wollte es genau wissen, woran dies lag, und annoncierte daher in Zeitungen im Norden, Osten, Süden und Westen, dass ich genau diese Menschen im Abseits persönlich sprechen möchte. 120 Ingenieure, die alle älter als 45 Jahre sowie mehr als zwei Jahre arbeitslos waren, meldeten sich. Mit jedem von ihnen führte ich ein persönliches Gespräch. In der Anfangsphase des Unternehmens redi-Control hatte ich besonders gute Erfahrungen gemacht mit Frührentnern. Sie erwiesen sich als besonders engagiert, teamfähig und loyal. Damals waren es eher recht einfache Sortierarbeiten bei der Qualitätskontrolle, die sie verrichteten. Aber sie wuchsen mit dem Unternehmen, als wir immer anspruchsvollere Dienstleistungen anboten. Sie lernten mit größter Zuverlässigkeit alle neuen Anforderungen und wurden so gut, dass wir mit ihnen heute Weltmarktführer in unserer Branche sind. Von daher hatte ich also eine sehr positive Grundhaltung zu älteren Arbeitnehmern.

Die Gespräche mit den 120 arbeitslosen Ingenieuren erbrachten ein sehr klares Bild, woran ihre Situation lag und wie sie zu beheben sei. Daher entschied ich mich zu diesem Experiment auf volles eigenes Risiko. 96 von den 120 waren bereit, sich ihrerseits auf dieses Experiment einzulassen und schlossen mit mir einen Einjahresvertrag ab, nachdem sie mein Konzept und meine Bedingungen verstanden und akzeptiert hatten. Und 78 von ihnen hielten durch, sie vollzogen ihre ganz persönliche Wende und sind heute nicht mehr Dauerarbeitslose, sondern erfolgreiche und glückliche Dauerangestellte bei der redi-Group.

Was waren die Erkenntnisse meiner Gespräche: Es kristallisierten sich drei Defizite bei diesen Menschen heraus, die hauptverantwortlich waren für ihren Teufelskreis der Arbeitslosigkeit:

- Sie sprachen zu schlecht Englisch.
- Sie hatten den Anschluss an die technologische Entwicklung verloren.
- Sie kannten die speziellen Systeme nicht, mit denen jene Unternehmen arbeiten, die nach Fachkräften und Ingenieuren suchten.

Die meisten der älteren Langzeitarbeitslosen hatten zwar während ihrer Ausbildung auch Englisch gelernt. Aber während ihrer aktiven Berufszeit war Englisch noch nicht so gefragt, wie dies heute der Fall ist. Sie hatten nicht so viel Gelegenheit zur Übung wie die nächste Generation, bei der das Englische bereits schon in deren Ausbildung einen höheren Stellenwert genießt. Und wenn die Älteren dann durch Entlassung oder Frühverrentung aus dem Arbeitsleben ausgeschieden sind, schwindet ihre Praxis noch mehr und sie getrauen sich irgendwann nicht mehr, in den Formularen der Bundesagentur bei der Frage nach ihren englischen Sprachkenntnissen ihr Kreuzchen bei „ja" beziehungsweise „gut" zu machen. Die Schamgrenze ist irgendwann zu hoch. Sie sind ab diesem Zeitpunkt registriert als „nicht Englisch sprechendes Fachpersonal". Natürlich hat sich unter den Arbeitgebern diese Schwäche herumgesprochen, sodass viele generell dazu übergingen, nur noch jüngere Bewerber zu berücksichtigen.

Auch der zweite Faktor wirkte sich klar zulasten der Älteren aus und bekräftigte die generelle Bevorzugung der Jüngeren bei der Einstellung. Wer im Zeitalter der Computerisierung nicht auf dem neuesten Stand der rasant sich entwickelnden digitalen Programme ist, zählt in der Tat zum alten Eisen. Zum Ausbildungsprogramm der älteren Ingenieure konnten diese Programme noch nicht gehören, da es sie zu diesem Zeitpunkt schlicht noch nicht gab oder erst in Anfangsformen, die jeder junge Computerfreak in die Steinzeit verorten würde. Wer damit nicht aufgewachsen ist und erst in deutlich späterem Alter damit konfrontiert wird, ist klar im Nachteil. Er muss nicht nur ein „Zurück auf die Schulbank" akzeptieren. Er muss dies aus der Position eines „digitalen Steinzeitmenschen" in Konkurrenz zu einer nachwachsenden computerverrückten Generation, in der die Computersprache längst zur ersten gelernten Fremdsprache wurde, in der es kein spannenderes Thema gibt als die neuesten Entwicklungen an der Hardware- und Software-Front und in der die virtuose Fingerfertigkeit auf der Computertastatur zur selbstverständlichen Standardtugend wurde, ohne die man nicht mal mehr die jeweils aktuellen Spiele spielen könnte.

Und das dritte Defizit der älteren Bewerber am Arbeitsmarkt ist nur noch eine Konkretisierung des zweiten. Dank der fortgeschrittenen Digitalisierung in der Arbeitswelt erwarten die Konzerne und die mittelständischen Unternehmen, dass die Arbeitsuchenden bereits mit den Systemen, die in ihrem Unternehmen zur Anwendung kommen, vertraut sind. Sie sagen: „Wenn Sie uns Leute schicken, schicken Sie aber bitte solche, die sich in unseren Systemen auskennen. Wir sind keine Ausbildungsstätten, sondern Arbeitsstätten. Wir können unmöglich die Kosten der Ausbildung übernehmen, um am Ende auch noch das Risiko zu haben, ob diese älteren Azubis es schaffen, mit der neuen Technologie umzugehen."

Wie kommt man aus dieser dreifachen Falle wieder heraus? Wie kamen wir mit unseren Wiedereinstiegswilligen heraus?

Zum Aufholen der Englischdefizite haben wir unseren Leuten besonders viel Eigenengagement abverlangt. Wir waren bereit, ihnen die Englischbücher und die Englischkurse zu bezahlen, aber wir haben von ihnen erwartet, dass sie täglich drei Stunden Englischlernen vollständig außerhalb ihrer Arbeitszeit einsetzten. Sie haben alle diese Leistung erbracht.

Für das zweite Defizit hatten wir für unsere betriebsinterne Fortbildung unserer Mitarbeiter ohnehin bereits ein eigenes Qualifizierungszentrum in Bremen eingerichtet, das redi-Qualify. Dort konnten alle 96 Teilnehmer unseres gemeinsamen Programms lernen, wie man mit den neuesten CAD-Programmen, mit den aktuellen Messtechnikprogrammen und allen weiteren berufsspezifischen Softwareprogrammen umgeht.

Für das dritte zu behebende Defizit, die Kenntnis der speziellen Systeme der potenziellen künftigen Arbeitgeber, ließen wir uns das Konzept „Training on the Job“ einfallen. Wir hatten den Vorteil, dass unser Unternehmen zu diesem Zeitpunkt bereits für viele der möglichen neuen Arbeitgeber unserer Programmteilnehmer tätig war. So konnten wir ihnen folgenden Deal anbieten: Wenn wir euch zehn unserer Ingenieure schicken für Aufträge, zu denen ihr uns in eure Unternehmen bittet, dann lasst fünf weitere Leute aus unserem speziellen Qualifizierungsprogramm mitkommen, die den von euch Engagierten bei deren Arbeit einfach über die Schulter sehen können. Auf diese Weise können wir euch künftig leichter und mehr gut ausgebildete Fachkräfte anbieten, wenn ihr wieder welche sucht. Die Firmen, für die wir regelmäßig tätig waren, haben die Vorteile dieses Programms sofort verstanden und willigten gerne ein.

Was waren die Ergebnisse unseres Härtetest-Qualifizierungsprogramms: Von den 96 Teilnehmern, von denen niemand zuvor noch eine Chance für eine neue Zukunft auf dem Arbeitsmarkt sah, haben alle die Qualifizierung abgeschlossen, die ersten bereits nach sechs Monaten, die letzten nach 13 Monaten. 78 von diesen 96 wurden nach einem Jahr in einen festen Anstellungsvertrag übernommen. Wenn Sie diese 78 Personen heute fragen, dann wird Ihnen jeder bestätigen: Es hat sich gelohnt. Unser Leben hat wieder einen Sinn erhalten. Wir wissen heute, dass wir völlig andere Qualitäten in uns haben, als wir dies vor einem Jahr für denkbar hielten. Wir haben unser Leben geändert und sind zu echten Lebensunternehmern geworden. Die Frage, ob wir das Zeug dazu hatten, stellt sich heute nicht mehr. Das Schwierigste war, damit anzufangen. „Ich kann das nicht" gilt nicht mehr. Wir wissen heute: Wenn wir dies konnten, dann kann dies jeder.

Durch die Erfahrungen mit diesem Programm sowie insgesamt mit der redi-Group wurde mir immer klarer: Es ist sekundär, was jemand im Augenblick kann. Entscheidend ist, ob er bereit ist, das jeweils Notwendige zu lernen. Die intellektuellen Fähigkeiten der Menschen sind sicher nicht gleich, aber das, was jeder lernen kann, ist in jedem Falle sehr weit jenseits dessen, was er bis dahin gelernt und was er sich bisher zugetraut hat. Viele Mitarbeiter der redi-Group und gerade unter den Führungskräften tun heute Dinge, die sie früher für völlig undenkbar hielten und die sie nie in ihrer Ausbildung gelernt haben. Nur weil sie sich dem eigenen Zutrauen irgendwann nicht oder nicht mehr verschlossen haben, konnten sie einen sehr aktiven Anteil daran erwerben, ein Unternehmen an die Weltspitze zu führen. Es ist kein Scherz: Bei redi gibt es eine ganze Reihe von ehemals „Unterqualifizierten", die heute Führungsaufgaben für Weltspitzenleistungen wahrnehmen. Die Voraussetzung dafür wie auch für den Erfolg der 78 Härtefall-Requalifizierten war die Bereitschaft, zum Lebensunternehmer zu werden, verbunden mit der Bereitschaft, die eigene emotionale Intelligenz zu aktivieren.

Meine „Erfolgsgeheimnisse“ für Ihren Weg zum Lebensunternehmer

Nachfolgend möchte ich nun einige meiner Erkenntnisse, wie jeder von uns zu einem erfolgreichen Lebensunternehmer werden kann, in einfachen Merkpunkten zusammenfassen.

1. Mein positives Lebensziel benennen

Als ich 1996 meinen beruflichen Tiefpunkt erreicht hatte und mit einem großen Berg an Schulden beruflich gescheitert war, habe ich mich zurückgezogen und mich gefragt, woran es gelegen hatte. Als Erstes habe ich mich gefragt: Was ist überhaupt mein Lebensziel? Was möchte ich überhaupt?

Mir wurde damals sehr schnell bewusst, dass ohne ein Ziel das Wort Erfolg unmöglich zurückkehren kann. Menschen, die keine Lebensziele haben, wird das Wort Erfolg und das damit verbundene Gefühl verschlossen bleiben.

Sobald man sich seines Lebensziels bewusst ist, sollte man sich darüber klar werden, dass man dieses ohne Angst angehen soll, denn die Angst *ist* bereits die Aufgabe des Zieles, noch bevor man mit dem Erreichen überhaupt begonnen hat. Alle Erfahrung aller Menschen, die eine klare Vorstellung für ihr Lebensziel entwickelt haben, bestätigt dieses: Was sich unser Geist im Positiven vorstellen kann, das wird ein jeder von uns auch erlangen können. Wenn wir uns sehr kleine Ziele stecken, dann ist auch nicht mehr erreichbar. Wenn wir diese noch mit Angst besetzen, dann sind auch diese nicht erreichbar. In unserem Leben ist das erreichbar, was sich unser Geist als erreichbar vorstellen kann. Und als erreichbar kann er sich das vorstellen, was er angstfrei als Ziel sieht.

Das Wichtigste ist somit, darauf zu achten, dass die Lebensziele, die man sich steckt, durch und durch positiv sind.

Sein Lebensziel muss man immer wieder neu reinigen von negativen Gedanken und negativen Einflüssen, also von Ängsten. Das Positive in den Lebenszielen wird uns jede Hürde nacheinander nehmen lassen. Es wird jede Schwäche, jede Sorge besiegen. Es wird Ängste als Herausforderungen definieren, die es zu bewältigen gilt und die wir bewältigen können und werden. Ein Ziel vor Augen gibt uns den Kompass, mit dem wir Klippen umschiffen und Stolpersteine zu Lernstufen werden lassen können. Lebensziele geben uns Navigation und Festigkeit und permanenten Neubeginn auf dem Weg zu deren Realisierung.

2. Konstruktive Selbstkritik entwickeln

Während man diese Überlegungen anstellt, wird man ganz schnell feststellen, dass das Wort Selbstkritik in vielen von uns nicht ausgeprägt, manchmal gar nicht vorhanden ist. Ich spreche hier nicht von einer Selbstkritik, mit der wir uns selbst ständig schlechtmachen. Kritik bedeutet seinem ursprünglichen Wortsinn nach die Fähigkeit, zu unterscheiden. In unserem Zusammenhang ist hier die Fähigkeit, zu unterscheiden, was uns auf dem Weg zu unserem Lebensziel voranbringt und was nicht, was uns vielmehr daran hindert. Und diese Art von Selbstkritik zu erlernen ist ein ganz wesentlicher Punkt auf dem Weg zum Erfolg.

Wir umgeben uns sehr gerne mit Menschen, die uns in unserem Selbstbild bestätigen, in jenem Selbstbild, das uns in unserem Selbstbezug, unserem bequemen Leben, in der Rechtfertigung unserer Mängel und in unserer Zielvergessenheit bestätigt. Diese Art von Lob und Bestätigung bringt uns aber in Wirklichkeit keinen einzigen Millimeter zu unseren viel attraktiveren Lebenszielen voran.

Also weg mit den Schulterklopfern, weg mit denjenigen, die uns immer nur sagen, wie toll wir sind. Sie bringen uns nicht vorwärts. Wenn ich ständig auf der Suche nach Bestätigung bin, gleichgültig für was, dann werde ich die passenden Bestätiger natürlich auch finden, spätestens dann, wenn ich genügend Leute gefragt habe.

Ich begab mich also auf die Suche nach den Menschen, die auch konstruktive Kritik üben können. Ich habe angefangen, meine Mitmenschen zu fragen, was ich denn besser hätte machen können in einzelnen Situationen, und schnell habe ich gelernt: Nur wer diese konstruktive Kritik sucht, der wird sie auch finden. Für meine Entwicklung war dies von ganz entscheidender Bedeutung. Es garantierte mir eine konstante Weiterbildung meines Geistes.

Ich war dann bald nicht mehr darauf angewiesen, was mir andere Menschen sagten, sondern habe immer besser selbst gelernt, durch konstante, aber konstruktive Selbstkritik meinen Geist zu schulen und zu sagen: Gleichgültig, was ich gemacht habe, hätte ich es denn noch ein bisschen besser machen können? Dies war ein ganz wesentlicher Lernschritt, der mein Leben erfolgreicher werden ließ.

Abends vor dem Schlafengehen habe ich mir gesagt: Wie war denn dein heutiger Tag? War ich in der Lage, wirklich positiv zu denken? Welche Gedanken habe ich denn gehegt? Zunächst war ich meist recht erschrocken darüber, wie viel Negatives in mir noch drinsteckte. Auch zum heutigen Zeitpunkt habe ich dies keineswegs vollständig beseitigen können. Daher habe ich es bis heute niemals aufgegeben, zu trainieren, zu üben, meine Gedanken und meine Handlungen noch positiver werden zu lassen.

Anscheinend liegt dieser Kampf Gut gegen Böse, positiv gegen negativ, oder wie immer wir es auch nennen mögen, in uns Menschen. Wir werden hier niemals als Sieger für alle Zeiten vom Platz gehen. Aber es war faszinierend festzustellen, wie durch dieses tägliche Training, diese negativen Gedanken aus meinem Kopf zu bekommen und dem Positiven die Chance zu geben, das Positive täglich ein bisschen mehr wuchs. Ich fand Schritt um Schritt eine immer positivere Grundeinstellung zum Leben.

Es mag wirklich nur in kleinen Schritten vorwärtsgehen, aber wenn Sie es einmal tun und wenn Sie gemerkt haben, welches tolle Gefühl es ist, von diesem Negativen wegzukommen und hin zum Positiven zu gehen, dann werden Sie diese Fortschritte nie mehr missen wollen. Es wird irgendwann wie eine positive Sucht, negative Energie in positive Energie umzuwandeln.

Der Anfang zu dieser systematischen Umwandlung Ihrer Gedanken und Ihres Lebens kostet Sie keinen Cent und stellt gleichzeitig die größte Bereicherung dar, die vorstellbar ist. Dieser Reichtum ist grenzenlos, weil er Schritt für Schritt alles zum Positiven wenden kann, also von innen heraus reich werden lässt. Dieser Reichtum kostet nicht mehr als den ersten kleinen Schritt zu einem Lebensunternehmer. Lassen wir also das Positive in unserem Kopf Einzug halten.

3. Wer Menschen führen will, muss Menschen mögen

Erst als das Positive in meinem Leben tatsächlich die Oberhand gewonnen hatte, wurde mir die nächste zentrale Erkenntnis bewusst, die eine der Voraussetzungen für Glück und Erfolg ist: Man kann Menschen nur dann führen, wenn man sie mag.

Ich fing damit an, auf meine Mitmenschen in einer Art und Weise zuzugehen, die ich bisher nicht kannte. Es wurde zu meiner Grundeinstellung, die Menschen in meiner Umgebung, die mein Leben mit beeinflussen, wirklich zu mögen.

Dies führte natürlich auch zu einem Prozess der Veränderung im Bekanntenkreis. Diejenigen, die mich nur negativ beeinflussen wollten, sind heute nicht mehr in meiner unmittelbaren Nähe. Schritt für Schritt hat sich mein Umfeld so gestaltet, dass ich heute unter Menschen bin, die nicht nur ich ganz besonders mag, sondern die ihrerseits auch mich mögen. Ich habe gelernt, die Miesepeter, die es im Leben immer gibt, mir vom Hals zu halten. Ich habe gelernt: Suche die Gleichgesinnten deines Lebens. Suche diese positiven Menschen, die dein Leben einfach positiv beeinflussen können.

4. Sich mehr zutrauen

Als Nächstes entschied ich: Fange an, dir mehr zuzutrauen. Wenn man ein positives Lebensziel vor Augen hat und wenn man gelernt hat, hilfreiche von weniger hilfreichen Schritten zu unterscheiden, dann kann man sich ruhig auch größere Schritte vornehmen. Was ist schon schlimm daran, wenn einmal etwas nicht klappt im Leben? Dann kann man es noch einmal versuchen und man versucht es vielleicht in einer etwas veränderten Weise. Schließlich muss nicht gleich jeder Versuch ein Volltreffer sein.

Mit dieser Haltung strahlt man plötzlich ein ganz anderes Selbstbewusstsein aus, und mit einem größeren Selbstvertrauen wird es immer leichter, sich größere Ziele zu setzen und sich noch wesentlich mehr zuzutrauen. Man sagt sich dann: Was ich heute nicht kann, das spielt ja überhaupt keine Rolle. Das werde ich morgen lernen. Ich ließ es überhaupt nicht mehr zu, dass mir Gedanken in den Kopf kamen, die mir sagten: Das kann ich nicht. Man muss diese innere Wende ja nicht an die sogenannte große Glocke hängen, man kann es ganz still für sich selber tun und sich an jedem neuen Erfolg leise erfreuen.

Ich war damals derart begeistert davon, festzustellen, wie viele positive Eigenschaften in mir schlummerten. All die vielen Eigenschaften, die ich noch nicht kannte, begeisterten mich in der Weise, dass ich sie nun Stück für Stück kennenlernen durfte. Und dies nur, weil ich mir jetzt etwas zutraute, wovon ich vorher nicht einmal zu träumen gewagt hätte.

Ich hatte zuvor niemals daran gedacht, mir so große Lebensziele zu setzen. In der schlimmsten Krise meines Lebens Ende 1995 erwachten schon diese Eigenschaften in mir und ich hatte mir Lebensziele gesetzt, die ich keinem gesagt habe. Aber innerlich war mir damals schon bewusst: Eines Tages willst du einen Weltkonzern leiten, ein Unternehmen, wie es so auf dieser Welt noch nicht gibt. Ein Unternehmen, das geprägt ist von einer besonderen Unternehmenskultur, einer Unternehmenskultur, bei der sich Menschen entwickeln, Menschen sich geistig voranbewegen und ihre geistigen Fähigkeiten ausleben können. Ich wollte ein Unternehmen schaffen, in dem Menschen sich zu Hause und wohlfühlen können.

Ein positives Lebensziel wird Sie Ihr Leben lang begleiten. Sie können sich daran immer wieder neu aufrichten. Sie werden daran mit Freude arbeiten, an jedem Schritt, der Sie diesem Ziel näher führt. Sie werden auf dieses Lebensziel hin mit größter Freude und höchster Motivation arbeiten und werden gar nicht damit aufhören wollen. Und die Zwischenschritte dorthin werden mutiger und größer werden und damit wiederum Ihr Selbstvertrauen.

All diejenigen, die mich damals belächelt haben und meinten: „Na lass ihn mal, was erzählt er uns denn da", die sind heute untergetaucht, sie sind nicht mehr vorhanden. Sie haben sich aus meinem Leben verabschiedet oder sie möchten heute von meinem Erfolg als Lebensunternehmer profitieren.

Jeder von uns sollte diesen Gedanken tief in sich aufnehmen und für sich nutzen: Nichts, aber auch wirklich gar nichts ist stärker als eine Vision, deren Zeit gekommen ist. Nichts kann uns stärker antreiben. Nichts kann besser dabei helfen, negative Gedanken aufzulösen und negative Energie in positive zu verwandeln. Und nichts kann uns wirkungsvoller auf den Weg von wachsendem Selbstbewusstsein und wachsenden Etappenzielen bringen.

5. Immer neue Lernphasen beginnen

Ich fing an, darüber nachzudenken, was man mir in meiner Jugend alles beigebracht hatte. Da waren Sätze wie: „Du lernst in der Schule fürs Leben." „Was du heute nicht lernst, wirst du niemals mehr lernen können." Oder: „Du bist, wie du bist, du wirst niemals über deinen Schatten springen können." Wohl die meisten von uns haben solche Sätze zu einem frühen Zeitpunkt in unserer Kindheit und Jugend eingepflanzt bekommen. Es ist nur natürlich, dass Teile unserer Erziehung durch falsches Denken geprägt waren, denn auch die besten Eltern und Verwandten sind fehlerhafte Menschen. Es ist daher die Aufgabe jedes Kindes, wenn es erwachsen wird, solche falschen Sätze, solche Gespenster falschen Denkens zu erkennen und abzustreifen.

Auch manche Psychologen möchten uns erklären, wie stark wir an die Lebensvorstellungen gekettet sind, die wir als Kinder beigebracht bekommen haben. Akzeptieren Sie dies nicht, denn es gibt keinen Grund dafür. Spätestens als Erwachsener haben Sie die Chance, alles zu hinterfragen und Ihre ganz eigenen Antworten zu geben. Auch die Lehrer erklärten uns und unseren Eltern ständig, dass wir hierfür begabt und dafür weniger bis gar nicht begabt wären. Sie zeichneten damit nicht mehr als eine Karikatur von unseren Möglichkeiten, und zwar genau die Karikatur dessen, was sie selbst imstande waren, von unseren reichen inneren Fähigkeiten zu wecken, und was nicht.

Auf dem beschriebenen Wege zum Lebensunternehmer lernte ich, mehr sein zu wollen als derjenige, der ich durch meine Kindheitsprägungen und Kindheitsbilder geworden war. Der Wille, vorwärtszukommen, war wesentlich größer geworden. Und ich merkte, dass wesentlich mehr möglich war in meinem Leben.

Heute kann ich Ihnen aus der Position von sehr viel Dazugelerntem im Zustand des Erwachsenseins sagen, dass Sie überhaupt keine Angst zu haben brauchen. Das bisher Erlernte in Ihrem Leben, das Sie in der Schule, in der Ausbildung und im Beruf gelernt haben, ist nur ein kleiner Teil dessen, was Sie noch lernen können. Ab diesem heutigen Zeitpunkt muss Ihnen bewusst sein, dass dies nur ein kleiner Teil von Ihnen ist, möglicherweise sogar ein Teil, der der Vergangenheit angehört.

Der Wille, etwas zu lernen, was ich heute noch nicht kann, das ist die entscheidende Funktion in unserem neuen Leben. Der Lebensunternehmer wird immer versuchen, mehr zu sein, als er heute ist, und alle anderen dadurch überholen. Nur das, was Sie sein wollen und was Sie lernen möchten, wird den Ausschlag dafür geben, was Sie in Ihrem beruflichen und sicherlich auch in Ihrem privaten Leben an Neuem erreichen können.

Unsere gesamte Bildungswelt und unsere Bildungsvorstellungen übersehen immer wieder zwei einfache Tatsachen. Viele Arten des Lernens werden im Laufe der Jahre nicht schwerer, sondern leichter. Und Lernen in immer neuen Themenfeldern macht uns tendenziell immer kreativer, was ebenfalls eher zu einer neuen Leichtigkeit führt anstatt zu erhöhten Belastungen beim weiteren Lernen. Warum ist dies so?

In jedem Themenfeld, mit dem wir uns befassen, erkennen wir bestimmte Muster, wie dort die Dinge zusammenhängen. Wenn wir uns in ein neues Themenfeld einarbeiten, vergleichen wir unwillkürlich die Muster der Zusammenhänge mit jenen aus den zuvor gelernten Themenfeldern. Sei es Ökologie oder Ökonomie, Archäologie oder Geometrie, Philosophie oder Psychologie, die Psychologie dieser oder jener Schule – immer helfen uns die Muster oder „Mind-Maps“, wie es die Systemwissenschaftler nennen, eines Gebiets, um die Muster und Erkenntnislandkarten eines anderen Gebiets schneller zu erfassen. Das bedeutet nicht, dass alle diese Landkarten gleich sind. Auch wenn sie sehr unterschiedlich sind, so hilft uns die Kenntnis einer Landschaft, die Unterschiede der anderen Denklandschaft schneller zu erfassen und einzuordnen.

Ein zweiter Effekt von Lernen in unterschiedlichen Erkenntnislandschaften ist folgender: Unser Unbewusstes ist so programmiert, dass es die Muster einer Landschaft ganz automatisch und spielerisch auf die andere, neue Landschaft anwendet, auch wenn diese dort scheinbar gar nicht passen oder zumindest die vorherrschende Lehrmeinung meint, dass dort ganz andere Zusammenhänge gültig wären. Doch genau diese spielerischen Versuche, seien sie bewusst oder unbewusst, erzeugen Kreativität. Die Kreativitätsforscher haben festgestellt, kreative Menschen sind deshalb so kreativ, weil sie sich bewusst oder unbewusst ständig in scheinbar völlig verschiedenen Lebenswelten bewegen. Sie besuchen Kunstausstellungen und fremde Länder, sie sprechen nicht nur mit „Experten ihrer Disziplin“, sondern suchen neugierig Gespräche mit Menschen aus allen möglichen Lebenswelten, sie suchen nicht nur die permanente Bestätigung in ihrer eigenen Glaubenswelt, sondern lassen sich als offene und ernsthafte Zuhörer auf andere Glaubensverständnisse ein. Man kann dies auch so formulieren: Sie haben das Gleichnis von den Blinden und dem Elefanten verstanden. Dies geht so:

Eine Gruppe von Blinden wird zu einem Elefanten geführt. Der eine greift ein Ohr des Elefanten und ruft aus: „Ein Elefant ist wie ein riesiger Fächer." Ein anderer greift den Rüssel und hält dagegen: „Nein, ein Elefant ist vielmehr wie ein riesiger Schlauch." Ein dritter erwischt einen Stoßzahn und korrigiert: „Es ist zwar richtig, dass ein Elefant die Form eines Schlauchs hat, aber im Gegensatz zum Schlauch ist dieser fest und hart. Er fühlt sich eher wie eine stabile gebogene Stange an." Der nächste protestiert und meint: „Ein Elefant ist zwar stabil, hat aber eher die Eigenschaften eines Seils: belastungsfähig und trotzdem sehr elastisch." Er hält den Schwanz des Elefanten in der Hand. Jener, der bei einem der Elefantenbeine steht, wird wieder etwas anderes entdecken, und so weiter.

Ein und dieselbe noch längst nicht vollständig entschlüsselte Wirklichkeit des uns umgebenden Lebens hat fast endlos viele unterschiedliche Teilwirklichkeiten, die wir nur durch unterschiedliches Herangehen an diese entdecken und entschlüsseln können. Erst Zug um Zug erschließt sich daraus eine umfassendere, zusammenhängende Wirklichkeit. Jede Erkenntnislandschaft hilft uns, eine Teilwirklichkeit zu erfassen und erste Muster mit in eine neue Erkenntnislandschaft hinüberzunehmen, in der wir umso mehr Neues entdecken werden, je offener und neugieriger wir sind.

Je freier wir uns machen, auch noch nicht Gedachtes einmal zu denken und noch nicht für möglich Gehaltenes für möglich zu halten, desto leichter und kreativer wird unser Denken und Lernen. Nur weil ein Vorstellungsbild, das wir irgendwann erworben haben, „funktioniert", heißt dies noch lange nicht, dass ein noch viel größeres, offeneres, mutigeres, schöneres Vorstellungsbild nicht funktionieren würde. Nehmen wir als Beispiel ein Vorstellungsbild, mit dem bis zu einem bestimmten Zeitpunkt in der Geschichte alle unsere Ahnen lebten: Die Erde ist eine Scheibe. Mit diesem Vorstellungsbild konnte man auf dieser „Scheibe“ sehr viel erleben. Heute wissen wir, dass dieses Vorstellungsbild dennoch begrenzt ist und wir sehr viel mehr erst dann entdecken konnten, als wir als neues Vorstellungsbild zuließen: Die Erde ist eine Kugel. Heute haben Menschen bereits noch interessantere Vorstellungsbilder zum selben Gegenstand entwickelt. Sie gehen davon aus, dass die Erde ein riesiger lebendiger Organismus ist, den sie „Gaia“ nennen. Sie tun sich mit dieser Vorstellung leichter, eine sehr verantwortungsvolle Mitverantwortung für diesen Megaorganismus zu übernehmen, eine Mitverantwortung, die die Dimension ihres mitfühlenden Herzens und ihrer ganzheitlichen Denkfähigkeit erheblich erweitert …

Lassen wir uns also nicht länger auf Wesen reduzieren, deren Lernprozesse bereits vor langer Zeit im Wesentlichen stehen geblieben sind. Wir können jeden Tag Neues lernen, und zwar jeden Tag leichter, kreativer, ganzheitlicher, mutiger, souveräner, gestaltgebender. Wenn wir diesen Weg eines lebenslangen Lebensunternehmerlernens gehen, werden wir jene, die sich auf den Lorbeeren ihrer vielleicht überlegenen jugendlichen Lernerfolge ausruhen, weit überholen.

Bei meinem letzten Klassentreffen wurde mir dies wieder einmal vor Augen geführt. Aus den Besten von damals wurden keinesfalls, wie man hätte erwarten können, die Erfolgreichsten von heute. All diejenigen, die ihr Leben selbst in die Hand genommen haben und hierbei dem Positiven gefolgt sind, sie waren im Mittelpunkt unseres Klassentreffens und waren mit weitem Abstand die Erfolgreichsten im Leben. Und alle, die damals so gut in der Schule waren, die Überflieger, von denen wir alle erwartet hatten, dass sie ihren Weg gehen werden, die aber damit aufgehört haben, sie haben ihren Lebensweg nicht gefunden, sie sind nicht besonders erfolgreich geworden. Sie haben sich vielleicht zu früh auf dem Erlernten ihres Jugendlebens ausgeruht.

Ich muss daher noch einmal sagen: Das Erlernte in Ihrem Leben, ob es heute, morgen oder übermorgen ist, ist immer auch schon wieder ein Stück Ihrer Vergangenheit. Die Zukunft ist immer das, was Sie noch lernen möchten. All diejenigen, die wir bei diesem Klassentreffen wiedersahen und dies verstanden hatten, das waren die Sonnenkinder dieses Lebens. Sie waren diejenigen, die strahlend waren, weil sie das Leben angenommen haben und ein Stück von diesem Wort Lebensunternehmer in ihrem eigenen Leben etabliert hatten.

6. Zu den eigenen Schwächen stehen

Schnell habe ich ferner gemerkt, vor jenen Menschen auf der Hut zu sein, die zu mir kommen und alles schon wissen und vor allem besser wissen. In Wirklichkeit sind dies die Blender. Passen Sie auf vor Menschen, die Ihnen immer mitteilen: Ich kann alles und die anderen nichts. Diese Menschen entmutigen Sie nur und das, was sie Ihnen mitzuteilen haben, wird sich bei näherem Hinsehen als einseitig und zu kurz gedacht herausstellen.

Es ist immer besser, wenn man sich selbst relativieren kann und wenn man die eigenen, zu jedem Zeitpunkt immer noch vorhandenen Schwächen eingestehen kann. Das Bewusstsein der eigenen Schwächen und deren offenes Eingestehen schwächen Sie nicht, sondern stärken Sie, und dies gilt selbstverständlich auch für alle anderen Menschen. Wer seine Schwächen nicht sieht, muss sich und anderen ständig etwas vormachen, was nicht der Wirklichkeit entspricht. Wer seine Schwächen sieht, kann sich immer neu vornehmen, an diesen zu arbeiten. Und er kann andere

Menschen offen darum bitten, ihm Ratschläge zu geben, was er besser machen kann.

Signalisieren Sie nie jemandem, dass Sie alles können. Stehen Sie generell zu dem, dass Sie Schwächen haben. Denn eines ist sicher: Jeder Mensch hat Schwächen, nicht nur Sie alleine. Signalisieren Sie den Menschen in Ihrer Umgebung eher, dass Sie sich nicht damit abfinden werden, diese Schwächen auch morgen noch zu haben. Signalisieren Sie, dass Sie bereit sind, sich zu entwickeln und die Schwächen von heute abzustellen. Ganz schnell werden Sie merken, dass diese Art von Schwäche in Ihrem Leben in Wirklichkeit eine besondere Stärke ist. Sie müssen sie nur richtig einsetzen und ausspielen. Je offener Sie mit Ihren Schwächen umgehen, desto schneller und effizienter werden Sie diese überwinden können.

Ein Beispiel aus meinem Beruf. Im Jahr 1999 ereilte mein Unternehmen eine außerordentlich große Reklamation. Unser Kunde rief an und beorderte mich zu ihm hin. Unter normalen Umständen läuft das so ab, dass der Kunde Ihnen Vorwürfe macht und Ihnen vorhält, was Sie falsch gemacht haben. Der Lieferant wiederum sagt, es trifft mich, wenn überhaupt, nur eine Teilschuld. Der Kunde sagt Ihnen, wie groß der Schaden für ihn war, und zum Schluss einigt man sich vielleicht auf die Hälfte, aber keiner von beiden will den anderen jemals wieder sehen. Der Kunde wird Sie nicht wieder beauftragen, weil Sie gefeilscht haben, und Sie fahren unglücklich nach Hause, denn Sie haben nicht nur sehr viel Geld verloren, sondern auch das Wichtigste, Ihren Kunden.

Natürlich musste ich mir, wie nicht anders zu erwarten war, zunächst sehr große Vorwürfe unseres Kunden anhören, und natürlich war mir durchaus bewusst, dass die Schuld an irgendwelchen Dritten in unserem Hause lag und nicht an mir persönlich. Es lag an Menschen, die unkonzentriert gearbeitet hatten. Ich sagte damals meinem Gegenüber: Sie haben recht, die Schuld liegt bei uns. Ich werde Ihnen aber eines versprechen: Ich werde Systeme schaffen, die zukünftig diese Fehlerquelle abstellen werden. Ich werde unsere Mitarbeiter dahin gehend ausbilden, dass so etwas nie wieder passiert. Warten Sie eine Woche, und Sie werden von mir komplett ausgearbeitete Pläne erhalten, wie wir in Zukunft unsere Fehler abstellen und wie wir aus dem vorhandenen Desaster lernen wollen.

Meinem damaligen Gegenüber fehlten anschließend die Worte. Er war so etwas nicht gewohnt und er war auch nicht darauf vorbereitet, auf jemanden zu treffen, der selbstkritisch war, der die Fehler einsah und ihm gleichzeitig sagte, wir wollen diese Fehler abstellen und daraus lernen.

Was aus dieser Sache geworden ist: eine phänomenale Angelegenheit für das Unternehmen redi-Group. Wir hatten bei unserem Kunden eine so große Wertschätzung gewonnen, dass er uns das Geschäft meines Lebens anbot. Ein halbes Jahr später kauften wir für einen sehr geringen Betrag eine komplette Fertigung seines Unternehmens ab und waren somit in der Lage, sehr viele neue Arbeitsplätze bei der redi-Group zu schaffen. Der Kunde sagt auch zum heutigen Zeitpunkt noch immer, selten habe er so etwas gesehen, dass jemand derart eindeutig zu seinen Fehlern steht, die Schuld nicht auf andere abwälzt und nicht um den letzten Cent feilscht.

7. Niemals Wissen zurückhalten

Lebensunternehmer halten niemals ihr Wissen zurück. Wer Wissen teilt, erhält mehr als andere zurück.

Kommt Ihnen folgende Situation bekannt vor? Sie hatten eine tolle Idee, haben sie weitererzählt, Ihr Kollege läuft zum Chef und wird hierfür belohnt. Ihre Einstellung sagt Ihnen, das nächste Mal werde ich niemand mehr von meinen Ideen erzählen.

Diese Reaktion ist die normale Reaktion von Menschen in unserer heutigen Welt. Aber sie ist auch der beste Weg, um sich komplett abzuschotten. Sie ist jedenfalls nicht der beste Weg, um erfolgreich zu werden. Halten Sie niemals mit Ihren Ideen hinter dem Berg. Seien Sie absolut offen zu Ihren Mitmenschen.

Nur wenn wir absolut offen zu unseren Mitmenschen sind, können auch wir absolute Offenheit erwarten. Je mehr wir in unserem Leben abgeben, umso mehr wird das Leben uns auch zurückgeben können. Nur wenn wir mit dieser Haltung aufmerksam durch das Leben laufen, immer auf der Suche nach neuen guten Ideen, kann man sie auch finden.

In einzelnen Fällen kann es dabei sicherlich zu Ungerechtigkeiten kommen. Aber auf Dauer ist es doch so, dass immer der offene, aufmerksame Typ gewinnen wird. Und seien wir doch einmal ganz ehrlich zu uns: Die meisten Ideen stammen aus dem Zusammensetzen von Einzelheiten, die wir irgendwo gehört oder gelesen haben. Also gehören sie doch sowieso anderen.

Das Abschotten von Wissen hat seinen Hauptgrund in der Angst, dass meine Position im Unternehmen irgendwann mit einem Besseren besetzt werden könnte. Immer diejenigen, die eine führende Position innehaben und von der Sorge gequält sind, dass da andere, jüngere, frischere, energiegeladene Menschen kommen, um sie einzuholen, blockieren häufig. Sie geben ihr Wissen nicht mehr weiter. Aber genau das ist der falsche Weg. Es ist der Weg, der in die Sackgasse führt und irgendwie dann unseren Job kosten wird.

Genau umgekehrt ist der richtige Weg: seine Informationen auszutauschen und sein Wissen weiterzugeben und gleichzeitig die Bereitschaft zu haben, diese Herausforderung des Lebens anzunehmen. Ob es heute im Beruf ist oder morgen im privaten Bereich, es wird immer wieder die Situation kommen, dass derjenige, der nicht bereit ist, weiterzulernen und sich weiterzuentwickeln, auf die Verliererstraße gerät. Ob es heute ist, wenn Sie ein junger Leser sind, oder in zehn Jahren in einem mittleren Alter oder vielleicht noch einmal zehn Jahre später, wenn es darum geht, Ihr Berufsleben so langsam zu beenden. Die offenen, die Lebensunternehmer unter uns, die das Leben so annehmen, wie wir es in diesem Buch beschreiben, die werden nie mit Informationen zurückhalten, sondern wirklich aufmerksam durch diese Welt laufen und sich immer weiterentwickeln. Und auf diese Weise werden sie auch ihre eigene Position immer wieder stärken können.

8. Keine Angst vor Überlegenen

Ich habe in meinem Berufsleben immer den Kontakt zu Menschen gesucht, die mich weiterbringen können. Ob in menschlichen oder in betriebswirtschaftlichen Fragen habe ich genau diese Menschen immer gebraucht wie die Luft zum Atmen. Sie haben mich am meisten und besten vorangebracht.

So habe ich beispielsweise immer den Kontakt zu älteren Menschen gesucht, weil sie einfach einen größeren Erfahrungsschatz besaßen als ich. Aber natürlich ist es auch hier wichtig, darauf zu achten, dass man Menschen gegenübertritt, die sozial kompetente Führungspersönlichkeiten sind, denn nur weil sie älter sind, müssen sie nicht qualifizierter sein als Sie.

Gerade bei älteren Menschen ist es häufig so, dass sie dazu neigen, ihr Gegenüber gerne etwas einzuschüchtern. Insbesondere jüngeren Menschen wird dies auffallen und es wird für sie sicherlich nicht leicht sein, den Zugang zu älteren Menschen zu finden, wenigstens dann nicht, wenn sie in der Hierarchie über ihnen angesiedelt sind. Aber wenn diese Menschen merken, dass Sie es ernst meinen, dass Sie wirklich daran interessiert sind, von ihnen in dieser oder jener Sache zu lernen, werden Sie von den Älteren akzeptiert werden. Durch das Lernen von Erfahreneren wird Ihnen ein ganzes Stück der Arbeit, Ihren Weg zum Lebensunternehmer erfolgreich zu gehen, abgenommen werden können. Der Erfahrungsschatz dieser Menschen ist unverzichtbar.

Natürlich gibt es dabei keinerlei Garantien, dass Sie erfolgreich werden, nur weil Sie auf ältere Menschen oder auf Menschen, die Ihnen an Position oder Kompetenz voraus sind, zugehen. Aber der Versuch allein wird sich lohnen, wenn nicht in dem einen Fall, dann in anderen.

Wenn Sie also Kontakt suchen zu diesen Menschen, die Sie nach vorne bringen können durch ihren Erfahrungsschatz, dann tun Sie dies wie ein Schwamm, der ins Wasser fällt und sich vollsaugt. Wenn ältere Menschen oder Vorgesetzte dieses bei Ihnen merken, stellen sie sehr schnell auch das Außergewöhnliche an Ihnen fest, denn es ist eine außergewöhnliche Eigenschaft, Wissen und Fertigkeiten wie ein Schwamm aufsaugen zu wollen. Sie werden dann ihr Wissen mit umso größerer Bereitschaft und Freude an Sie weitergeben.

9. Und das Wichtigste: Anfangen!

Wenn Sie an dieser Stelle an einem Punkt angelangt sind, an dem Sie sagen, wie soll ich denn das alles lernen, das dauert ja Jahre über Jahre, wie kann ich denn da heute Erfolg haben. Wenn Sie heute in der Klemme stecken und den schnellen Erfolg suchen, dann kann ich Ihnen nur wärmstens ans Herz legen: Fangen Sie doch einfach an.

Bis zum heutigen Tage bin ich am Lernen. Was ich für Sie hier aufgeschrieben habe, sind Erkenntnisse, die mich ein ganzes Stück weitergebracht haben. Doch das Lernen und ein immer erfolgreicherer Lebensunternehmer zu werden, das hört nie auf. Das Schöne an diesem Lernen ist gerade, dass es nie aufhört, vielmehr, dass es zu jedem beliebigen Zeitpunkt, an dem ich mich dazu entscheide, anfangen kann und dann unaufhörlich weitergehen wird. Also, ein Lebensunternehmer, lieber Leser, hört nicht auf, ein Lebensunternehmer zu sein. Sie werden nicht morgen fertig sein, es wird bis zum Ende unseres letzten Atemzugs so weitergehen, dass wir das Segment „Lernen" in den Vordergrund unseres Lebens stellen. Aber um Ihnen ein wenig Angst zu nehmen: Bereits nach kurzer Zeit werden Sie feststellen, dass dies ein höchst positiver Vorgang ist. Sie werden es liebend gerne tun, denn Sie werden die Erfahrung machen, dass Sie es immer besser beherrschen werden, Ihr eigenes Leben wesentlich glücklicher und sinnvoller zu gestalten. Das, wovor Sie zum gegenwärtigen Zeitpunkt vielleicht Angst haben, wird sich Schicht für Schicht umwandeln in Fertigkeit um Fertigkeit, Meister Ihres Lebens und Ihres Glücks zu werden.

Die Zukunft unseres Landes funktioniert nur mit Unternehmen von Lebensunternehmern

Im Laufe der Jahre habe ich festgestellt, was es heißt, mit diesen Fähigkeiten ein Management aufzubauen und ein Unternehmen führen zu können. Ich habe gelernt, Menschen um mich herum zu scharen, die diese Gedanken ebenfalls leben können und weiter ausbauen können. Ich lernte, wie sie ebenfalls die Fähigkeit eines Lebensunternehmers besitzen und dass wir gemeinsam ein besonderes

Unternehmen, ein Unternehmen von Lebensunternehmern, aufbauen können.

Für mich war sehr schnell klar, dass die Zukunft in unserem Lande nur mit einem System funktionieren kann, das wir ein humanes Management nennen. Unter humanem Management verstehen wir natürlich nicht das Außerachtlassen der Wirtschaftlichkeit, was ein jedes Unternehmen als Grundsatz mit verankert haben muss. Aber Humanität ist ein ebenso zentraler, unverzichtbarer Grundsatz.

Und so sind Führungskräfte in meinem Unternehmen heute nicht nur für das wirtschaftliche Denken und Handeln verantwortlich, sondern in gleicher Weise für das menschliche Klima in unserem Unternehmen, also für Arbeits- und Leistungsbedingungen, unter denen die Menschen wirklich das Maximum an ihren Kräften freisetzen können – jeder Mensch für sich persönlich in seiner Freizeit sowie auch für das gemeinsame Unternehmen. Dies bedeutet insbesondere auch: Führungskräfte können nur Menschen sein, die dieses Prinzip selbst leben, die ihr Leben als Lebensunternehmer gestalten und es somit unseren Mitarbeitern vorleben können. Als Frage aller Fragen für Vorgesetzte, für Manager, für Unternehmer ist mir in den letzten Jahren bewusst geworden: Wie kann ich als Vorgesetzter Effizienz und Menschlichkeit auf das Beste miteinander verbinden? Die Antwort hierauf ist die Fähigkeit eines Lebensunternehmers.

Die Vorgesetzten von heute, lieber Leser, sind in keiner großartig anderen Situation als Sie, die Sie vielleicht heute anfangen werden, ein Lebensunternehmer zu werden. Auch die Vorgesetzten sind Menschen, und Menschen haben die Eigenschaft immer wieder etwas zu verwässern, etwas zu vergessen, eventuell auch, dass ihnen hier und da etwas zu Kopf steigt. Deshalb erinnere ich immer wieder, und das wirklich fast wöchentlich, Führungspersönlichkeiten in unserem Hause daran, welche Gewissenhaftigkeit, welches Feingefühl und welcher Gerechtigkeitssinn von ihnen erwartet wird.

Immer wieder schärfen wir uns gegenseitig die Sinne, damit es dazu kommt, unser gemeinsames Ziel zu verwirklichen, was da heißt: eine Instanz zu schaffen, die unterstützend wirkt, die ermutigt, die weiterhilft, aber auch ermahnt und jederzeit das Wohl der ihm anvertrauten Menschen, sprich Arbeitnehmer, im Auge hat. Das Ziel muss sein, dass alle Mitarbeiter in unserem Unternehmen das Zuhause finden, das sie sich ersehnen, um der Lebensunternehmer zu werden und der glückliche Mensch, der sie sein wollen. Nur so werden sie eine Leistung abrufen und abrufen wollen, die ein jedes Unternehmen und jedes Land zum Wohlstand bringt.

Aus meinen Erfahrungen in den vergangenen Jahren kann ich zum heutigen Zeitpunkt folgendes Resümee ziehen: Es stellt sich nicht die Frage, ob, sondern nur wann Sie anfangen sollten, ein Lebensunternehmer zu werden. Denn nur auf diese Weise stellt sich die Frage, ob Sie zu den Menschen gehören, die eine sehr positive Zukunft in diesem Land haben werden, oder ob Sie – und da seien Sie mir nicht böse, wenn ich das so sage – zu den Verlierern zählen werden und einer sehr ungewissen Zukunft entgegensehen werden.

Um eines werden wir alle nicht herumkommen, uns einzustellen: Zwei Drittel der Weltbevölkerung werden den Anspruch auf einen Lebensstandard erheben, der bis zum heutigen Tag ein Privileg des Westens war. Gleichgültig, ob uns heute das Schreckgespenst der chinesischen Wirtschaft Angst macht oder ob es morgen ein neuer Mitwettbewerber auf diesem globalen Markt namens Indien sein wird: Wir müssen uns auf einen globalen Wettbewerb vorbereiten, der auf uns zukommt und der uns sicherlich hier und da noch aus so manchem Traum reißen wird. Wenn wir intelligent damit umgehen, wird der globale Wettbewerb für uns genauso zu einer Win-win-Situation führen wie der offene Wettbewerb in der Europäischen Gemeinschaft.

Dennoch werden sich unsere Systeme ändern müssen, und zwar fundamental. Wer weiterhin auf die sozialen Systeme bauen will, so wie wir sie als Errungenschaften der Vergangenheit des Landes Deutschland aufgebaut haben, der wird früher oder nur etwas später eines Besseren belehrt werden: Ein soziales System, das uns die Verantwortung für unser eigenes Leben abnimmt, wird in einer offenen Weltgesellschaft nicht wettbewerbs- und damit nicht überlebensfähig sein.

Das neue System, das wir brauchen und das zugleich ungleich attraktiver für jeden Menschen und die Gesellschaft insgesamt ist, wird ein humanes System sein, ein zutiefst humanes. Es wird jeden Menschen aus der Abhängigkeit führen, die den vorrangig sozial orientierten Systemen zu eigen ist, und es wird sie zur Unabhängigkeit einer selbst verantworteten und selbst gesteuerten Entwicklung der besten eigenen Potenziale führen.

Nochmals: Keiner von uns wird in der Lage sein, sein eigenes persönliches Glück irgendwo einzuklagen. Dies konnte kein soziales System in der Vergangenheit leisten und wird es noch weniger in der Zukunft leisten können. Es gilt, den Anfang zu machen, sich mit der Entfaltung der eigenen Persönlichkeit dem globalen Wettbewerb zu stellen, und zwar mit den unabsehbaren Fähigkeiten, die in Ihnen stecken und die bis zum heutigen Tage zum größten Teil stumm geblieben sind. Der Weg des Lebensunternehmers wird Sie dem ersehnten Glück in Ihrem Leben ein Stück näher bringen und gleichzeitig auch ein bedeutendes Stück voranbringen in Ihrer Fitness für die globalisierte Weltgesellschaft.

Selbstverständlich hängt das Wohl dieses Landes nicht nur von Ihnen ganz persönlich ab. Mir ist durchaus bewusst, dass es auch sinnvoller politischer Entscheidungen bedarf, um Deutschland für den globalen Wettbewerb aufzustellen. Aber eines weiß ich ganz genau: Leistung und Eigenverantwortung werden in den nächsten Jahren gravierend zunehmen und jedes Unternehmen, das überleben möchte, wird dies von seinen Mitarbeitern mehr als je zuvor verlangen.

Unsere heutige Gesellschaft ist verletzlich, sie ist verwundbar, weil es ihr im Verhältnis zum Rest der Welt noch zu gut geht. Aber gerade das setzte nicht nur in unserem Lande immer ungeahnte Kräfte in uns allen frei, nach Auswegen zu suchen, die uns eine bessere Zukunft ermöglichen. Der Ausweg, den dieses Buch Ihnen vorstellt und der ausgesprochen vielversprechend für Sie persönlich wie für unser Land ist, ist der Ausweg des Lebensunternehmers. Dieser hat mir nicht nur meinen beruflichen Erfolg, sondern auch mein persönliches Glück gebracht.

KAPITEL 4

Eine neue Form von Erfolg: Ein Unternehmen von Lebensunternehmern – Beispiel redi-Group

In diesem Kapitel soll deutlich werden: Kein Unternehmen wird umhinkönnen, eine neue Unternehmenskultur zu verwirklichen, in der der Mensch und seine Entwicklung zum selbstbestimmten Lebensunternehmer im Zentrum stehen. Die Wende vom Shareholder-Value zu Human Value wird schon in kurzer Zeit keine Frage mehr von „nice to have" sein, sondern schlicht eine Überlebensfrage für jedes Unternehmen.

Ein paar einfache Daten werden deutlich machen, wie hoffnungslos verloren Unternehmen bald sein werden, die diese Erkenntnis zu spät annehmen. Es wird eine Welle der Nachfrage nach Mitarbeitern mit Lebensunternehmerqualitäten auf uns zukommen, wie dies heute nur wenige für möglich halten. Diese Welle hat bereits begonnen, auch wenn sie noch nicht zur breiten gesellschaftlichen Wahrnehmung durchgedrungen ist. Aber unsere Wirtschaft ist durch Konkurrenz bestimmt. Wenn sich irgendeine technische oder sonstige Art von Entwicklung als wichtiger Wettbewerbsvorteil erweist, ist es immer nur eine Frage einer sehr kurzen Zeit, bis sich der größte Teil der Unternehmer darauf einstellt.

Seien Sie also vorbereitet auf diesen Nachfrageschub. Mit Ihrer persönlichen Wende zum Lebensunternehmer zwingen

Sie Ihren künftigen Arbeitgeber nahezu, auf Sie aufmerksam zu werden. Auch wenn er dies heute noch nicht weiß, er wird auf Menschen wie Sie angewiesen sein, sobald sich das Erfolgsmodell von Unternehmen, die mit Lebensunternehmern arbeiten, weit genug herumgesprochen hat. Daher wird dieses Kapitel vor allem der Erläuterung der Arbeitsweise jenes Unternehmens gewidmet sein, das ich am besten kenne, das sich ganz dieser neuen Lebensunternehmerphilosophie verschrieben hat – und das seinen ungewöhnlichen Erfolg genau dieser Tatsache zu verdanken hat, den Mensch in den Mittelpunkt zu stellen.

Doch zuvor werfen wir noch einen Blick auf den volkswirtschaftlichen Schaden, der durch die Missachtung dieser Werte entsteht.

Ein grandioser Schadensfall unserer Wirtschaft: Loyalitätsmangel

Ein Unternehmer, der meint, für Geld würde er die beste Leistung seiner Mitarbeiter erhalten, hat sehr wenig von der Ökonomie und noch viel weniger von Psychologie verstanden. Eine Gallup-Studie stellte eine volkswirtschaftliche Rechnung auf, was uns all die vielen nicht monetären Mängel in unserer Wirtschaft kosten. Diese Studie kam auf eine Schadenssumme von nicht weniger als 260 Milliarden Euro. Das ist ungefähr so viel wie der gesamte Bundeshaushalt im Jahr 2001. Wie kommt ein solcher Schaden zustande?

Die Hauptantwort ergibt sich bereits aus dem sehr geringen Anteil der Mitarbeiter in unseren Unternehmen, die eine Verpflichtung ihren Unternehmen gegenüber verspüren, für die also Loyalität kein Fremdwort ist. Neun von zehn

Arbeitnehmern antworteten auf die Loyalitätsfragen mehr oder minder deutlich negativ. Sie fühlen sich nicht ernsthaft verbunden mit ihren Unternehmen, sie empfinden keine Verantwortung, die über die schriftlich eingegangenen vertraglichen Verpflichtungen hinausgehen würde. Die Folgen sind unter anderem eine schwache Mitarbeiterbindung, hohe Fehlzeiten in den Unternehmen, eine hohe Fluktuation und so weiter.

Der Mangel an Loyalität beziehungsweise an einem echten Gefühl der Mitverantwortung für das Unternehmen, für das man arbeitet, hat viele Ausdrucksformen. Eine davon ist das Mobbing, die gezielte Herabsetzung anderer Mitarbeiter. Mobbing ist das genaue Gegenteil einer Lebensunternehmerhaltung, denn diese achtet nicht nur auf die eigene positive Entwicklung, sondern auch auf die der Kollegen. Als Lebensunternehmer kümmert man sich auch um das Wohl der anderen, und zwar nicht nur, wenn man unmittelbare Führungsverantwortung im Unternehmen innehat. Die Gründe hierfür und auch die ganz persönlichen Vorteile, die sich aus einer solchen Haltung ergeben, wurden im vorhergehenden Kapitel ausführlich erläutert und sollen hier nicht wiederholt werden.

Wissen wir, dass 1,5 Millionen Menschen so sehr an Mobbing leiden, dass sie dadurch in Existenzkrisen gestürzt werden und daran regelrecht erkranken? Allein der betriebswirtschaftliche Schaden von Mobbing in unseren Unternehmen addiert sich auf 40 bis 50 Milliarden Euro. An volkswirtschaftlichem Schaden kommen für alle gesundheitlichen und juristischen Folgekosten noch einmal weitere 70 bis 80 Milliarden hinzu.

Doch das sind bei Weitem nicht die einzigen Gesichter von Loyalitätsmangel. Der Mangel an Loyalität und Verantwortungsbewusstsein öffnet die Türen für Korruption, für

Computerkriminalität und für viele weitere Formen von Wirtschaftskriminalität. Wie eine Reihe von Beispielen aus jüngerer Zeit zeigen, die überall durch die Medien gingen, kann Korruption selbst für einzelne Unternehmen leicht Milliardenschäden verursachen.

Die Berechnungen der Gallup-Umfrage umfassen jedoch ausschließlich die nachweisbaren *unmittelbaren Verluste* durch Loyalitätsmangel. Sie berühren die Frage der *entgangenen Gewinne* durch eine (noch) nicht gelebte Lebensunternehmerkultur in den Unternehmen in keiner Weise. Die verpasste Gewinnmaximierung würde ich bei einem Vielfachen der handfesten Verluste durch Loyalitätsmangel ansetzen. Um eine Vorstellung von den hier angesprochenen Größenordnungen zu erhalten: Die Weltwirtschaft insgesamt wuchs zuletzt um rund eine Billion Euro im Jahr. Die Loyalitätsverluste allein in der deutschen Wirtschaft lagen bei einem Viertel dieser Summe. Die Überwindung dieser Verluste plus die Aktivierung der Leistungspotenziale in jedem Menschen durch eine offensive Lebensunternehmerphilosophie würden allein in Deutschland annähernd so viel Zuwachs freisetzen wie heute weltweit.

Und selbst bei dieser Berechnung haben wir eines noch immer nicht berücksichtigt: Die Wende zu einer Lebensunternehmerökonomie würde vor allem auf der nicht materiellen Ebene zu einem immensen Wohlstandszuwachs führen. Wenn wir Lebensunternehmer werden, werden wir uns unvorstellbare Potenziale an Glück erschließen können, die kein Geld kosten und die man sich auch mit noch so viel Geld nicht kaufen kann.

Welches Unternehmen kann es sich noch lange leisten, eine solche Wende in der Loyalität und Leistungsfreude sowie auch im Grad des Glücklichseins seiner Mitarbeiter nicht zu vollziehen?

Die neue Unternehmensphilosophie

Auf der Grundlage der in diesem Buch beschriebenen Lebensunternehmerphilosophie hat die redi-Group für sich folgende Unternehmensphilosophie erarbeitet und schriftlich festgehalten:

„Das Miteinander sowie Redlichkeit und Fairness sind die Grundrichtlinien für unser Geschäftsgebaren und unseren Umgang mit Personen. Wir sind ein Unternehmen, das Versprechen einhält. Wir erfüllen unsere Verpflichtungen und halten uns dabei an unsere Unternehmensethik. Die Verschiedenheit und die Motivation unserer Mitarbeiter sind das Fundament unserer Stärke. Bei der Auswahl, Ausbildung und Motivation unserer Mitarbeiter sind wir der Fairness und Effektivität verpflichtet. Wir setzen auf die freie Marktwirtschaft. Wir werden unsere Kunden, Zulieferer, Mitarbeiter und die Gemeinschaften, in denen wir tätig sind, mit Redlichkeit, Respekt und Fairness behandeln. Im Geschäftsleben werden wir uns an den höchsten ethischen Grundsätzen messen." Und später nahmen wir noch als Zusatz auf: „Die redi-Group ist gegen Ausländerfeindlichkeit und bekennt sich ausdrücklich zur Integration ausländischer Mitbürger."

Diese Unternehmensphilosophie ist in der schriftlichen Form ganz sicher nicht ungewöhnlich. Immer mehr Unternehmen gaben sich in den vergangenen Jahren ähnliche Leitbilder. Der Unterschied ergibt sich erst auf der Ebene der Umsetzung. Auch hier will ich keineswegs sagen, dass die redi-Group einzigartig sei. Immer mehr Studien belegen, wie sehr inzwischen bereits die sogenannten „weichen Kriterien" den Erfolg eines Unternehmens bestimmen. Die nachfolgend beschriebenen Merkmale in der redi-Group funktionieren selbstverständlich überall, wo sie zur Anwendung kommen.

Ich beschränke mich hier nur deshalb auf die redi-Group, weil ich dieses Beispiel am besten kenne.

Ein unschlagbares Team

Das Entscheidende an einer Unternehmensphilosophie ist das Wirgefühl, das es erzeugen kann und soll. Ein Wirgefühl versetzt einfach Berge, wie die Menschheitsgeschichte immer wieder belegt. Mahatma Gandhi überwand eine übermächtige Kolonialmacht nicht mit Armee und Waffen, sondern allein mit einer zutiefst humanen Philosophie, verbunden mit einem starken Wirgefühl. Martin Luther King besiegte einen abgrundtiefen Rassenwahn, indem der diesem ein überzeugendes Wirgefühl entgegensetzte. Auch er brauchte für seinen Erfolg keine Gewalt und keine Terroristen. Nelson Mandela überwand ein bis ins Kleinste ausgeklügelte Apartheidsystem nicht in der Zeit, als er ein Wirgefühl über Gewalt zu definieren versuchte, sondern erst, als er die Wende zu einer versöhnlichen Form der Überwindung der Apartheid innerlich vollzogen hatte. Alle Waffen und alle Restriktionen versagten vor der Macht dieses tief humanen Wirgefühls.

Natürlich kennt die Geschichte auch den Missbrauch eines Wirgefühls wie beispielsweise zur Zeit des Nationalsozialismus. Aber jeder weiß, dass alles missbraucht werden kann. Dies ändert nichts an der potenziell überaus positiven Kraft des Wirgefühls. Und natürlich gelingt es nicht immer, ein Wirgefühl zu erzeugen. Bis heute entstand dies zwischen den Menschen aus der alten Bundesrepublik und den sogenannten neuen Bundesländern nicht wirklich. Die Gründe hierfür sind nicht besonders schwer zu erkennen: Es wurde auf der einen Seite viel zu sehr auf der rein materiellen Ebene diskutiert und gleichzeitig wurde den Ostdeutschen in nahezu jeder Hinsicht das westdeutsche Modell übergestülpt. Der Westen sah sich dem Osten hoch überlegen und ließ dies deutlich spüren. So kann kein Wirgefühl entstehen. Das alte geteilte Wir-hier-ihr-dort-Gefühl findet nur unter anderen Vorzeichen seine Fortsetzung.

Überhaupt ist ein Überlegenheitsgefühl keine gute Grundlage für ein kraftvolles und positiv wirksames Wirgefühl. Dies gilt umso mehr, je mehr wir in das Zeitalter der weltweiten Abhängigkeit voneinander eingetreten sind. Ein Überlegenheitsgefühl erzeugt automatisch die Distanzierung und Abneigung bei jenen, denen man sich überlegen fühlt. Das Überlegenheitsgefühl der Nationalsozialisten in Deutschland und der Faschisten in Italien und Japan führte nicht zufällig in eine grandiose Niederlage ihrer Systeme. Dasselbe gilt für Überlegenheitsgefühle im Sowjetsystem. Und auch die Vereinigten Staaten von Amerika müssen heute schmerzlich feststellen, wie schädlich es ist, wenn man sich in Überlegenheitsfantasien verrennt.

Auch im Sport zeigt sich immer wieder, dass Überlegenheitsdünkel nicht der Vater des Sieges ist, sondern dass man gerade dann unerwartete Niederlagen einstecken muss.

Nein, ein erfolgreiches Wirgefühl ist nicht kompatibel mit einem Überlegenheitsdenken, sondern braucht etwas ganz anderes: die Überzeugung, dass in einem selbst, in einem Team, in einer Gemeinschaft, in einem Volk, in einem Unternehmen sehr viel mehr steckt, als man selbst oder als andere bisher wahrgenommen haben.

Auf wunderbare Weise hat die deutsche Nationalmannschaft dies bei der Fußballweltmeisterschaft im Jahr 2006 in Deutschland vorgelebt. Da war keine verbissene Arroganz gegenüber anderen zu erkennen, sondern „nur“ ein: „Wir können mehr, als ihr uns zutraut, wir werden dies euch allen zeigen!“ Dies führte zu einer einmaligen Stimmung in dieser

Mannschaft im ganzen Lande und weltweit. Deutschland spielte weitaus besser, als alle Experten es dieser Mannschaft zugetraut haben, und nicht nur das deutsche Publikum war begeistert darüber. Aber auch das Publikum in unserem Lande zeigte eine andere Haltung als „nur wir und nichts sonst interessiert uns". Das Publikum feierte nicht nur die deutsche Mannschaft, sondern jede Mannschaft, die gut spielte, besonders wenn sie ebenfalls nach dem Motto spielte: „Wir können mehr, als ihr uns zutraut, wir werden dies euch allen zeigen!" Es war in dieser Situation und für diese neue klare Haltung ein Segen, dass Deutschland nicht Weltmeister geworden ist, sondern „nur" Weltmeister der Herzen.

Nicht das Siegen ist das wirklich Wichtige, sondern die Haltung, das wirklich Beste zu geben. Sobald das Siegen zur Gewohnheit und Selbstverständlichkeit wird, schleicht sich leicht ein Überlegenheitsgefühl ein, das selbst das stärkste Team anfällig werden lässt. Das positive Wirgefühl, von dem ich hier spreche, muss also immer wieder neu hergestellt werden in Bezug auf die neuen nächsten Herausforderungen, denn das Leben bleibt nie stehen. Je mehr Menschen in Führungsverantwortung stehen, desto mehr ist es ihre Aufgabe, die neuen Herausforderungen frühzeitig zu erkennen und für deren Bewältigung ein positives Wirgefühl zu erzeugen. Immer dann, wenn wir Menschen uns in einer Gemeinschaft mit einer Herausforderung zu 100 Prozent identifizieren, sind wir in der Lage, sensationell große Dinge zu bewegen.

Diese Fähigkeiten wollte ich unbedingt in positiver Weise in meinem Unternehmen implementieren. Im Ergebnis kann ich sagen, dass uns dies sehr gut gelungen ist. Unsere Mitarbeiter wussten: Immer dann, wenn neue Herausforderungen anstanden, waren unser Zusammenhalt und ein Berge versetzendes Bewusstsein in besonderer Weise gefragt. Und unsere Kunden wussten und konnten sich darauf verlassen: Das redi-Team geht seine Aufgaben immer mit dieser Grundhaltung an. Sehr oft, wenn die Erteilung eines Auftrags Spitz auf Knopf stand, dürfte dies wohl den Ausschlag gegeben haben. Die Verlässlichkeit, jede Herausforderung positiv anzupacken, honorierten unsere Kunden mit höchster Anerkennung und Loyalität.

Der Umgang mit Macht

Doch gerade in Phasen besonderen Erfolgs lernte ich schnell, was das Schwierigste von allem war: der Umgang mit der Macht. Der Umgang mit Macht ist eine ungeheuer schwierige Aufgabe, denn sie verlangt extrem ausgeprägte Fähigkeiten von emotionaler Intelligenz. Die größte Gefahr, dass wir vom Erfolgswege wieder abweichen, so wurde mir klar, lag also in meinen Führungskräften.

Ein Mitarbeiter, der zum Vorarbeiter befördert wurde, hatte auf einmal gar keine Zeit mehr zu arbeiten. Er hatte plötzlich nur damit zu tun, anderen zu sagen, was sie zu tun und zu lassen hätten. Wenn Menschen die angesprochenen Fähigkeiten der emotionalen Intelligenz nicht besitzen, können sie durch falsche Führung sehr viel Schaden anrichten.

Je größer die Machtsituation einzelner Menschen ist, desto ausgeprägter müssen ihre emotionalen und humanen Fähigkeiten sein. Die Auswahl meiner Führungskräfte war die mit großem Abstand wichtigste Aufgabe, die ich in meiner Funktion als Unternehmer bewältigen musste. Die Stärken dieser Menschen bilden die Wurzeln der Bäume der redi-Group. Noch Generationen nach uns können Menschen von diesem positiven Wurzelwerk profitieren, wenn wir darauf achten, dass uns immer nur Menschen führen, die hierfür genügend positive Fähigkeiten zur Verfügung haben. Sie dürfen sich niemals dem Trend der Zeit hingeben, sondern müssen in der Lage sein, das Gute vom Bösen unterscheiden zu können.

Das wichtigste Dauerthema in unseren Mitarbeiterbesprechungen ist daher bis heute, wie gut wir alle dieser Führungsaufgabe nachkommen, wie gut wir sie in der vorangegangenen Woche gelebt haben. In einer Atmosphäre freundschaftlichen gemeinsamen Nachdenkens, was jeder von den Mitarbeitern mit besonderen Führungsaufgaben, einschließlich des Chefs, in dieser Hinsicht geleistet hat, fragen wir uns, wo und wie sich jeder von uns hier noch weiter verbessern kann.

Dies hat nicht das Geringste mit der berüchtigten Selbstbezichtigung zu tun, wie sie früher in manchen kommunistischen Systemen üblich war. Dies würde unserer Philosophie zu 180 Grad widersprechen, denn es geht nicht um Abwertung oder Schwächung von Menschen, sondern um das genaue Gegenteil. Unsere Atmosphäre in den Mitarbeiterbesprechungen ist von Ermutigung und gemeinsamem freundschaftlichem Lernen geprägt, damit genau diese Qualität in bester Weise auch in jeder Beziehung im Unternehmen gelebt wird. Wenn es zur Unternehmensphilosophie gehört, dass sich Führungsqualität nicht allein durch Umsatzzahlen definiert, sondern sich der Erfolg auf dieser Ebene am besten durch ein Höchstmaß an emotionaler Intelligenz einstellt, dann ist es eine Selbstverständlichkeit, dass die Entwicklung der emotionalen Intelligenz auch in den internen Besprechungen wichtiger genommen wird als die Entwicklung der Umsatzzahlen. Nur ein herausragender Stellenwert für eine Kultur der emotionalen Intelligenz kann dauerhaft einem betriebsinternen Machtmissbrauch vorbeugen.

Ein Machtmissbrauch liegt vor, wenn Menschen in Führungsverantwortung die Macht des Wortes falsch einsetzen.

Ein böses Wort macht auch die Guten böse, ein gutes Wort macht auch die Bösen gut. Worte können einen Menschen verwandeln. Sie sind eines der wichtigsten Instrumente des Führenden. Heil und Unheil liegen bei ihrer Wahl sehr dicht beieinander. Falsch angewandt, können sie einen Menschen erniedrigen und bewirken so das Gefühl von Wertlosigkeit. Weiterhin können sie lähmen, kränken, beugen, verletzen oder entmutigen. Durch einen positiven Menschen richtig angewandt, können sie aber ebenso befreien, aufrichten, ermutigen, heilen und sehr lebendig machen. Ein Vorgesetzter sollte auf seinen Mitarbeiter eingehen können und immer den Vorsatz verfolgen, mit seinem guten Wort das Gute in seinem Mitmenschen hervorzulocken.

Viele Vorgesetzte reden unbedacht. Sie schimpfen ständig auf Mitarbeiter und verbreiten damit ein negatives Klima. Andere antworten den Untergebenen ironisch oder zynisch und entmutigen sie auf diese Weise. Es gibt Menschen, die einfach nicht loben können. Sie sehen immer nur das Negative im anderen. Sie grüßen niemals freundlich ihre Mitarbeiter, sondern richten den Blick nur darauf, was wieder einmal falsch gelaufen ist. Sie sind dermaßen auf das Negative fixiert, dass sie auch nur eine negative Ausstrahlung besitzen. Häufig verwenden sie verstärkte Kontrollen, um gewisse Defizite auszugleichen. Sie haben nicht die Fähigkeit zu führen. Wer alles kontrollieren will, dessen Betrieb gerät außer Kontrolle. Mitarbeiter, die zu scharf kontrolliert werden, entwickeln Gegenkräfte. Sie werden immer versuchen, die Kontrollen zu umgehen, und verwenden ihre Energie für das falsche Ziel.

Solche Führungskräfte müssen sofort aus ihrer Position entfernt werden, da sie nicht nur ihren Mitmenschen, sondern auch dem Unternehmen einen großen Schaden zufügen.

Das gute Wort dagegen lockt Leben im Mitarbeiter hervor. Es wird sie aufrichten und somit das Fundament für einen wachsenden Betrieb darstellen. Eine gereifte Führungskraft sollte ihren Mitarbeitern durch das gute Wort ihre Zuwendung signalisieren. Menschen, die diese Art von Führung genießen, werden auch mit dem Herzen bei der Arbeit sein. Sie werden stolz auf ihr Unternehmen sein und es über alle anderen stellen. Unser Satz „Wer Menschen führt, muss Menschen mögen“ findet hier seine Berechtigung.

Wer wirklich führen will, sollte niemals Untergebene von oben herab behandeln. Er sollte unbedingt signalisieren, dass sich beide auf einer Ebene befinden. Ein Vorgesetzter sollte den Mitarbeiter niemals seine Macht spüren lassen. Ein guter Vorgesetzter behandelt seine Mitarbeiter eher von unten dienend als von oben herab. Er zeigt somit seine Wertschätzung und nicht etwa, wie häufig zu sehen, seinen Hochmut. Die wohl häufigste Erscheinungsform von Hochmut ist es, Mitarbeiter warten zu lassen. Ein Sprichwort sagt: „Pünktlichkeit ist die Tugend der Könige.“ Viele Vorgesetzte kommen absichtlich zu spät zum angesetzten Meeting, um ihre Machtsituation zu unterstreichen. Häufig zermürben sie damit die Wartenden und können sich anschließend leichter durchsetzen. Diese Missachtung von Mitarbeitern wird zwangsläufig zur Missachtung des Vorgesetzten selbst führen. Er wird gefürchtet, aber niemals geachtet. Demut statt Hochmut ist angesagt, denn für einen geliebten Vorgesetzten geht ein Mitarbeiter auch durchs Feuer, den gefürchteten aber lässt er im Regen stehen.

Wer Menschen wirklich zur besten Entfaltung ihrer wahren Potenziale führen möchte, der weiß auch, dass es in der Gesellschaft wie auch in jedem Unternehmen Stärkere und Schwächere gibt. Eine gute Führungskraft sollte sehr sensibel unterscheiden, wem was zuzumuten ist. Sie sollte niemals die Schwachen an den Starken messen, sondern beide gerecht behandeln. Sie muss dem Starken die Herausforderung geben, weiter zu wachsen, sich mit den Größten zu messen und neues auszuprobieren. Weiterhin sollte sie die Schwachen ermutigen, nicht davonzulaufen, weil ihnen etwas als schwer erscheint. Die gerechte Aufteilung der Verantwortung sollte hier die oberste Priorität haben. Dabei ist stets darauf zu achten, dass die Starken auch ihre Schwächen haben und die Schwachen ihre Stärken.

Es darf nicht dazu kommen, dass die Starken auf die Schwächsten warten, weil sonst die Gemeinschaft in ihrer Entwicklung geschwächt wird. Der richtige Weg ist es, wenn die Starken die Schwachen mittragen, denn dann werden auch sie ermutigt, höhere Leistungen zu erzielen.

Häufig behalten Unternehmen nur die Leistungsträger und entlassen die Schwachen. Dies führt nur zu sehr kurzfristigem Erfolg, da es ein Klima der Angst schafft, in dem keiner schwach sein darf. Die Angst, der nächste zu sein, wird überwiegen und hemmt die Kreativität und somit das Wachstum des Unternehmens. Jeder Starke ist sich innerlich bewusst, dass auch er Schwächen hat und sie eines Tages ans Licht kommen. Wahre Stärke kann nur der zeigen, dem es erlaubt ist, auch einmal schwach zu sein.

Die Ausbildung des Managementnachwuchses an unseren Universitäten lehrt jedoch eher Haltungen und Fertigkeiten, die ein Überlegenheitsdenken bei den künftigen Führungskräften fördern. Es wird den jungen Menschen viel zu wenig darüber beigebracht, was sie zukünftig wirklich können müssen. Emotionale und ethische Kompetenz steht noch kaum irgendwo auf dem Lehrplan. Die Universitäten sollten unserer zukünftigen Elite beispielsweise nahebringen, wie wichtig es ist, menschliche Reife und Weisheit zu erlangen.

„Weisheit“ ist verwandt mit „wissen“, und „wissen“ wiederum hat von seiner Wurzel her mit „sehen“ und „erblicken“ zu tun. Weise ist demnach der, der die Dinge sieht, wie sie sind. Es kommt nicht in erster Linie auf das äußere Wissen an, sondern auf die Berührung mit der Wirklichkeit, auf das Gespür für das Richtige. Erst dann hat man die Chance, mit seinen eigenen Gedanken und Gefühlen so zurechtzukommen, dass man auch echte Führung leisten kann. Wer dies erlernt, kann sich selber führen und somit auch andere.

Weil wir all das an unseren Hochschulen nicht lehren, kommen Führungspersönlichkeiten in unsere Betriebe, die zwar die Instrumente der Organisation beherrschen, persönlich aber oftmals unausgeglichen und unbeherrscht sind. Sie sind noch nicht in der Lage, sich selbst zu führen, und wollen trotzdem bereits unsere Mitmenschen führen. Jedes Unternehmen wird hierdurch maximal kurzfristig Kosten einsparen. Dauerhaft gesehen wird diese Unreife das Unternehmen infizieren und die Belegschaften demotivieren. Wie oft lesen wir in der Presse von Managern, die zwar sehr viel Geld verdienen, aber erfolglos bleiben, weil sie einfach unreif sind. Die Belegschaften unserer Unternehmen haben berechtigte Erwartungen. Sie verlangen von ihrem Chef menschliche Reife, denn nur dann werden sie motiviert Anweisungen entgegenzunehmen, weil sie wissen, dass sie diesen vertrauen können.

Von fünf gestarteten Jungmanagern haben es in unserem Hause leider nur zwei geschafft, unseren Ansprüchen gerecht zu werden. Es ist sicher kein Zufall, dass diese beiden meine Tochter sowie ihr heutiger Mann waren. Beide haben durch die langjährige Nähe zu unserem Unternehmen erkannt, worauf es uns in der Betriebsführung der redi-Group ankommt, und arbeiten dementsprechend konstant an ihrer persönlichen Entwicklung.

Faire Entlohnung für alle und Profitorientierung zum Nutzen aller

Ein besonders heikles Thema, das ebenfalls mit Macht und Machtmissbrauch zu tun hat, ist die Frage einer fairen Entlohnung. Ich bemerkte, wie sich unsere Gesellschaft gegen den Verfall von Managersitten auflehnte. Wie soll man einem Durchschnittsarbeiter erklären, warum die Gehälter der Vorstände explodieren und diese inzwischen bis zum 300-Fachen ihres eigenen Gehalts angestiegen sind?

Die Arbeitnehmer in Deutschland fühlen sich getäuscht und ihre Meinung über unsere Topmanager sinkt stetig. Im Jahr 2000 waren es gerade noch 25 Prozent der Belegschaften, die ein gutes Bild von „denen da oben" hatten. Die Führungsetagen entfernten sich zunehmend von ihren Mitarbeitern, was mangelnde Motivation sowie fehlende Loyalität zur Folge hatte. Da gleichzeitig die Konkurse in Deutschland Rekordhöhen verzeichneten, wuchs die Wut auf die Nieten im Nadelstreifen. Während einer Hochkonjunktur wären diese Fehler von absolut überforderten Managern erst gar nicht ans Tageslicht gekommen. Erst dank einer schlechten Konjunktur ließen sich ihre Fehlerquoten nicht mehr verbergen.

Erstmals kam eine Diskussion über die Offenlegung von Managergehältern auf, was verständlicherweise auf unterschiedliche Reaktionen traf. Die Krönung der Unverschämtheiten brachte der Mannesmann-Prozess hervor. Hier prallten in voller Wucht die momentanen Probleme unserer Gesellschaft aufeinander. Rein rechtlich gesehen gab es hier keine Fehltritte der davon betroffenen Manager zu beklagen, da es keine festen Regeln gibt, die Abfindungszahlungen auf eine bestimmte Höhe beschränken. Doch moralisch gesehen schauten wir alle in einen tiefen Abgrund. Wer solche

Summen an Abfindung für ein gescheitertes Management verlangt, hat sich als guter Manager bereits disqualifiziert, da er offensichtlich nur an sich denkt. Der Grundsatz, wer Menschen führt, muss Menschen mögen, wurde in diesem Falle verhöhnt.

Ich bemerkte den Wunsch der Arbeitnehmer nach einer gerechten, fairen Führung und fühlte mich umso mehr bestätigt, dass unsere Philosophie auch in diesem Punkt richtig war. Die bereits vorhandenen zwischenmenschlichen Fähigkeiten meiner Geschäftsführung und der Wille, diese weiter auszubauen, waren und sind der Garant für den weiteren Weg der redi-Group. Wir besaßen eine Führung, die Charakter hatte und sich gegen jeden falschen Zeitgeist zur Wehr setzte, auch jenen der eigenen persönlichen Profitorientierung. Niemand in unserer Führungsmannschaft hatte je derartige Vorstellungen. Und mein eigenes Gehalt als Unternehmer? Es war jederzeit für meine Mitarbeiter transparent. Was über ein angemessenes Maß hinausging, floss und fließt alles in unsere Stiftung, aus der Mitarbeitern und Menschen in Not geholfen wird.

Und was ist mit den Mitarbeitern? Was ist eine gerechte Entlohnung für sie? Auch hier ist ein Umdenken angezeigt. Im Zeitalter höherer Verantwortungsübernahme durch alle kann dies nur bedeuten, dass auch die Mitarbeiter stärker auf den gemeinsam erwirtschafteten Erfolg oder Nichterfolg bezogen honoriert werden. Dies bedeutet: Wenn der gemeinsame, gesamtunternehmerische Erfolg zu einer bestimmten Zeit geringer ist, muss dies auch von den Mitarbeitern bis zu einem gewissen Grad mitgetragen werden. Wenn der gemeinsame Erfolg hingegen entsprechend groß ist, dann kann Weihnachten ein Dauerzustand sein – und nicht nur ein schönes Fest einmal im Jahr. Das Geben und Nehmen muss gesamtheitlich funktionieren, nur so entstehen zugleich dynamische *und* gerechte Systeme.

Im Jahr 2007 führte ich bei der redi-Group erstmals noch ein weiteres Gratifizierungssystem für Sonderzahlungen ein. Die Zahlung dieser Gratifikation war abhängig von der Frage, ob ein Mitarbeiter einen bestimmten Standard in der Erfüllung unserer Unternehmensphilosophie erreicht hatte oder (noch) nicht. Die Mitarbeiter, die nach unserer Einschätzung diesen Standard noch nicht erfüllten, erhielten die Gelegenheit, Beschwerde einzulegen. Weitaus die meisten erreichten den Standard, bei einigen korrigierten wir unsere erste Einschätzung nach deren Eingaben. Der Rest akzeptierte die Einschätzung. Ihnen sagten wir offen, dass sie an sich arbeiten müssten, um dauerhaft einen Platz in unserem Unternehmen halten zu können, denn unsere Unternehmensphilosophie sei nun einmal eine Grundlage, auf die wir nicht dauerhaft verzichten können. In Gesprächen mit Kollegen von anderen Unternehmen äußerte ich mich immer wieder besorgt um die etwa fünf Prozent von Mitarbeitern, die nicht wirklich loyal zu unserer Unternehmensphilosophie stehen. Diese meinten dann, sie seien schon froh, wenn sie fünf Prozent wirklich loyale Mitarbeiter hätten.

Die Profitorientierung in unserem Unternehmen war neben dem Nutzen für unsere Mitarbeiter immer auf den Nutzen für unsere Kunden, auf den Nutzen der Gesellschaft und auf die Weiterentwicklung unseres Unternehmens ausgerichtet. Für diese Zielsetzungen wollten und wollen wir in der Tat einen hohen Gewinn erwirtschaften. Aber die Rahmenbedingungen hierfür müssen richtig gesetzt sein.

Eine große Hilfe war mir dabei die Erziehung, die ich als Kind genoss. Ich wurde auf dem Lande groß, zusammen mit den Großeltern. Dort hatte jeder noch einen Garten, in dem man alles nur Denkbare anpflanzte. Ein Satz ist mir bis heute noch in Erinnerung geblieben und hat mein Handeln stets geprägt Im Frühjahr, hieß es immer, muss du säen und dann abwarten. Erst wenn die Saat zur Reife kommt, kannst du die Früchte essen. Wenn du also nicht genug zu essen hast, dann hast du im Frühjahr nicht genug gesät.

Dieser Satz ist in mir so tief verankert, da er auf sehr viele betriebswirtschaftliche Entscheidungen anzuwenden ist. Wenn wir nicht genug Arbeit haben, dann wurde vor einigen Monaten zu wenig für den Verkauf getan und wir waren zu dieser Zeit zu faul. Investitionen durch Fremdkapital kamen ebenfalls nicht infrage. Das, was wir erzielen wollten, haben wir uns vorher verdient. Erst erarbeiten, dann ausgeben, dieses Prinzip wenden wir auch heute noch auf unendlich viele Entscheidungen an, die wir täglich treffen müssen. Immer wenn es finanziell eng wurde, merkte ich, wie wichtig diese hierdurch erzielte Unabhängigkeit der redi-Group war.

Unsere Handlungsfreiheit erlangten wir vor allem durch zwei Faktoren: indem wir immer konsequent echte Win-win-Situationen schufen und indem wir uns sehr große Ziele vornahmen.

Sollten Sie jemals Geschäfte gemacht haben oder zukünftig machen wollen, an denen nur Sie beziehungsweise Ihr Unternehmen Freude hat und Ihr Geschäftspartner Verluste oder Nachteile erleidet, dann freuen Sie sich nicht zu früh, denn dann sind Sie ein schlechter Kaufmann und werden nicht lange Freude daran haben. Gute Geschäfte macht man nur, wenn eine echte Win-win-Situation entsteht. Das Gute kommt zum Guten und der Erfolg ist dann eine reine Formsache. Andersherum betrachtet sollten Sie niemals ein Geschäft abschließen, durch das Ihr Unternehmen inklusive der Belegschaft einen Schaden erleidet, nur um vorübergehend an den nötigen Umsatz zu kommen.

Der zweite Hauptgrund unserer Handlungsfreiheit ergab sich aus der Rigorosität, mit der ich meine Ziele für die Weiterentwicklung von redi setzte. Wenn ich von meinem Steuerberater oder von Banken gefragt wurde, wie ich das kommende Jahr einschätzen würde, antwortete ich immer mit plus 100 Prozent. Anfänglich wurde ich hierfür belächelt, da es ein für Außenstehende nicht realistisches Ziel war. Für mich war es aber von sehr großer Bedeutung, Menschen um mich zu haben, die in der Lage waren, Visionen zu erzeugen sowie an große Ziele zu glauben. Ich sagte mir damals immer: „Ein Unternehmer unternimmt etwas, und wenn du alles so machst wie alle anderen, wirst du auch nur so wie alle anderen.“ Unabhängig von meinen Visionen hatte dieses Unternehmen mit seinen Menschen etwas Besonderes verdient. Die Menschen zeigten mir täglich, dass sie zu etwas Großem in der Lage sind.

Übrigens erreichte ich niemals in meinem Leben die 100-Prozent-Steigerung. Anschließend kamen meine Kritiker auf mich zu, um mir zu sagen: „Na, haben wir den Mund ein wenig voll genommen?“ Ich konnte dann aber Zahlen präsentieren, die sehr weit über dem lagen, was sich die meisten Unternehmen vorstellen können: immerhin Steigerungen von bis zu 68 Prozent. Andere Unternehmen waren oft froh, wenn sie ihr Ergebnis vom Vorjahr erzielten. Es waren keine unrealistischen Ziele, die wir uns vorgenommen hatten, sondern es war eine Taktik, die uns groß werden ließ.

Binnen zehn Jahren aus dem Nichts zum Weltmarktführer seiner Branche, diese Erfolgsgeschichte überzeugt inzwischen natürlich jeden Skeptiker und schafft eine besondere Unabhängigkeit in allen Planungen. Diese Leistung, die natürlich nicht ich vollbracht habe, sondern eine Anhäufung von absolut positiven Menschen, die sich ihrer Verantwortung bewusst sind, diese Leistung macht inzwischen natürlich auch neugierig, was deren Erfolgsgründe sind. Die harten betriebswirtschaftlichen Fakten öffnen inzwischen durchaus auch die Ohren für meine These, dass Human Value wesentlich besser ist als Shareholder-Value, dass Wertschöpfung am besten funktioniert aus Werte-Schöpfung.

Gemeinsames lernen, Verantwortung zu übernehmen

Eines der herausragendsten Merkmale des Menschseins ist die Fähigkeit zur Übernahme von Verantwortung. Verantwortungsübernahme steht im Zentrum des Prozesses des Erwachsenwerdens bei jedem Menschen. Auch auf der Ebene des Mündigwerdens ganzer Gesellschaften steht das Thema Verantwortung im Zentrum. Und selbstverständlich auch bei der Führung eines Unternehmens. Gehen wir in unseren Unternehmen aber mit diesem Thema bereits so um, wie es den Anforderungen unserer Zeit entspricht?

Vielleicht kann man den Ist-Zustand in allen drei genannten Bereichen – Individuum, Gesellschaft, Unternehmen – etwa so zusammenfassen: Wir haben uns auf den Weg gemacht zu mehr Verantwortungsübernahme durch jeden Menschen für sein eigenes Leben, in der Gesellschaft (Stichwort: Bürgergesellschaft) und auch in der Wirtschaft. Aber wir stehen noch ziemlich am Anfang. Mir war beim Aufbau meines Unternehmens frühzeitig klar, dass ich der Entwicklung meiner Mitarbeiter zur Mitübernahme von Verantwortung ein ganz besonderes Augenmerk schenken muss. Verantwortung darf heute nicht mehr auf den Chef und eine kleine Führungsmannschaft konzentriert bleiben, wenn man das gesamte Gestaltungspotenzial aller Mitarbeiter nutzen will, und dieses muss ein Unternehmen nutzen, wenn es heute noch und auch in Zukunft Erfolg haben will.

Die erste Form der Weiterentwicklung von gemeinsamer Verantwortungsübernahme betrifft die Funktionsverantwortung. In aller Regel sind in den Unternehmen so zentrale Funktionen wie das Verkaufen an entsprechend geschulte Spezialisten delegiert, und bis zu einem gewissen Grad geht dies auch kaum anders.

Bleiben wir beim Beispiel Verkaufen. Dieses Wort hat, insbesondere in Deutschland, einen negativen Beigeschmack. Das mag daran liegen, dass wir dabei gleich an dubiose Türgeschäfte denken müssen, wo jemand etwas Minderwertiges anbietet und dabei sehr hartnäckig und aggressiv vorgeht. Wir können andere, positiver besetzte Begriffe verwenden, aber dies ändert nichts daran, dass Verkaufen für jedes Unternehmen eine absolut existenzielle Angelegenheit ist. Es schadet jedem Unternehmen, wenn sich nur wenige „Verkäufer" mit dieser Tätigkeit identifizieren und sich dafür verantwortlich fühlen.

Da es immer mein Bestreben war, die wesentlichen betriebswirtschaftlichen Dinge meines Unternehmens im Verantwortungsbewusstsein aller Mitarbeiter zu verankern, erfanden wir Spiele, die uns nicht nur Spaß machten, sondern der redi-Group von großem Nutzen waren. Jeden Montag zahlten wir alle einen geringen Geldbetrag in unsere gemeinsame Kasse ein, und wer am Ende der Woche die meisten erfolgreichen Akquisitionen durchgeführt hatte, gewann den Jackpot.

Der Vorteil dieses Spiels bestand darin, dass wir alle trotz so vieler anderer Arbeiten das Verkaufen niemals vergaßen. Es erwies sich bei uns als sehr wichtig, diesen außergewöhnlichen Weg zu gehen, da wir hierdurch das Wesentliche niemals aus den Augen verloren und wir uns alle für dieses

Wesentliche aktiv mitverantwortlich fühlten. Es ist einerseits wichtig, das gesamte Verhalten im Unternehmen als einen Beitrag zum erfolgreichen Verkaufen der eigenen Produkte und Dienstleistungen zu sehen. Und es ist ebenso wichtig, dass sich jeder auch für die unmittelbare Akquisition persönlich mitverantwortlich fühlt.

Alles, was wir in unserem Leben lernen, ist zunächst blanke Theorie. Erst wenn wir es wirklich tun, merken wir, ob wir etwas bereits können und wie wir etwas, was wir noch nicht können, lernen können. Als Unternehmer wie auch als Lebensunternehmer bemerkt man durch die Übernahme von Verantwortung und Mitverantwortung schnell, wie man Erfolg wirklich buchstabiert. Nämlich so: T U N. Diese Eigenschaft des TUNS statt Lamentierens kommt in unseren Unternehmen noch viel zu selten vor. Die meisten ziehen sich sehr schnell auf ein nur kleines Verantwortungsfeld zurück. Erst wenn wir zum Beispiel auch im Feld des Verkaufens etwas tun, können wir die überraschende Feststellung treffen, dass wir auch in diesem Feld etwas tun und schrittweise sogar immer besser werden können.

Der zentrale Teil des Wortes Verantwortung lautet: Antwort. Verantwortung meint daher die Verpflichtung oder noch besser die Selbstverpflichtung, bei jeder Anforderung und Herausforderung nach Antworten und nach immer besseren Antworten zu suchen. Da es auf kein Thema die eine umfassende und endgültige Antwort gibt, sondern Verantwortung grundsätzlich einen *Prozess* darstellt, in dem man Schritt für Schritt immer bessere Antworten sucht und dabei selbstverständlich auch immer wieder einen Schritt weiter vorankommt, kann sich jeder Mensch dazu entscheiden, wie viel Zeit er in diesen vielleicht spannendsten Prozess des Lebens investieren möchte. Man kann sich jederzeit bei jeder Tätigkeit und zu jedem Thema mit der

Frage befassen: Gibt es noch andere, kreativere, bessere Antworten darauf?

Wenn ein Mitarbeiter zu mir kommt und mir ein Problem in unserem Unternehmen beschreibt, so antworte ich ihm in der Regel sinngemäß: „Vielen Dank für die wertvolle Beschreibung eines Mangelzustands bei uns. Bitte gehen Sie nun zurück an Ihre Arbeit beziehungsweise nach Hause und denken Sie über mögliche Lösungen des Problems nach. Ich freue mich, Sie in einer Woche wiederzusehen mit Ihren Antworten." Auf diese Weise kann die Verantwortungskultur in unserem Unternehmen weiter gedeihen.

Auch in anderer Hinsicht ist eine möglichst breite Verantwortungskultur sehr wichtig. Heutzutage gilt noch immer der Unternehmer als vorbildlich, der ein Übermaß an Verantwortung auf die eigene Schulter nimmt. Solche Unternehmen bleiben dann oft ein Leben lang eine One-Man-Show. Alles hängt in diesen Betrieben von einer Person ab, und wenn diese aus irgendwelchen Gründen ausfällt, ist der Exitus des Unternehmens meist nur eine Frage der Zeit.

Diese Einstellung ist absolut verantwortungslos gegenüber den Arbeitnehmern, denn sie sind in diesen Fällen immer die Leidtragenden. Ich habe viele Menschen dieses Unternehmertyps kennengelernt, und fast allen fehlte das wirklich unternehmerische Denken. Es geht hier meistens nicht um das Unternehmen, sondern fast immer um die Befriedigung des eigenen Egos und die persönliche Bereicherung. Sätze wie „Ohne mich geht ja hier doch nichts. Wenn ich nicht da bin, geht hier alles drunter und drüber" drücken das Unvermögen dieser Menschen aus. Sie sind nicht in der Lage, zu führen sowie Mitarbeiter zu fördern und ihnen Verantwortung zu übertragen.

Diese Fähigkeiten, andere Menschen zu einer hohen Eigenverantwortung und zu einer gemeinsam getragenen

Verantwortung zu führen, sind ab dem ersten Mitarbeiter notwendig und sichern die Zukunft aller Beteiligten. Das hat nichts mit der jeweiligen Größe eines Unternehmens zu tun. Unternehmer, die ihre Führungsverantwortung als Führen zu Verantwortung verstehen, erkennt man sehr leicht: Sie mögen die Menschen wirklich. Solchen Unternehmern ist bewusst, was es heißt, Arbeitnehmer zu beschäftigen. Sie tragen die Verantwortung für viele Familien und wollen immer das Beste für ihre Mitmenschen. Die anfänglich beschriebene positive Einstellung zum Leben finden wir übrigens bei erfolgreichen Unternehmern häufiger, als viele von uns denken.

Unternehmen, die zu sehr von starken One-Man-Show-Menschen abhängig sind, geraten oft dann in Probleme oder strukturelle Schwächephasen, wenn sie in der Ausweitungsdynamik mit unterschiedlichen Standorten operieren müssen. Welchen Grad an Verantwortung sollen die dortigen Standortleiter übernehmen? Wie erfolgt deren Führung am besten? Irgendwann muss ein jedes Unternehmen Strukturen aufbauen. Wie geht man dabei am besten mit dem Phänomen der Verantwortung um?

Das erste Unternehmen der redi-Group, die redi-Control, war eines Tages so erfolgreich mit ihrem Konzept, überall in Deutschland die prompte Lösung von Qualitätsproblemen vor Ort nach maximal 90 Minuten Anreisezeit anzugehen, dass die Gründung von mehreren weiteren Standorten neben Langenfeld bei Düsseldorf erforderlich wurde. Wir gingen mit dezentralen Strukturen immer mehr dorthin, wo die Arbeit war, und eröffneten nacheinander die redi-Control Austria, das Qualify-Center Ludwigsfelde sowie die redi-Control Belgium in Gent. Weiterhin gründeten wir die redi-Control Deutschland Nord GmbH mit dem dazu gehörigen Qualify-Center Lilienthal, die redi-Control Deutschland Süd/West

GmbH in Böblingen, die redi-Control Deutschland Ost GmbH in Dresden sowie die redi-Control Deutschland Süd GmbH in Unterföhring.

Entscheidend für deren Erfolg war, zunächst die Führungsteams von diesen neuen Standorten zu 100 Prozent für die redi-Unternehmensphilosophie zu gewinnen. Nur so war es möglich, das durch die Zentrale aufgebaute Profil und Vertrauen auch in der Erweiterung zu erhalten. Und nur wenn dieser erste Schritt erfolgreich sichergestellt war, konnte es auch gelingen, die dort organisierten Mitarbeiter auf den Entwicklungspfad unserer Philosophie zu bringen.

Dasselbe galt auch für die nächsten Erweiterungsstufen der redi-Group. Nach dem Motto „redi goes east" sollte redi in Slowenien, Rumänien, der Türkei und in der Ukraine präsent sein.

Ferner entstanden neben redi-Control zwei weitere Säulen der Unternehmensgruppe, die redi-Engineering und redi-Time. Sie boten unseren Kunden erstmals einen kompletten Service aus einer Hand an, von der Zertifizierung über Störfallbeseitigung, Erstellung von Produktionslenkungsplänen, das gesamte Lieferantenmanagement bis zum Qualitätsmanagement. Die redi-Group war damit komplett neu aufgestellt. Dennoch hat sich dadurch an der Unternehmensphilosophie nichts geändert. Überall bestand dieselbe Herausforderung: sicherzustellen, dass die Unternehmensphilosophie über alle Führungskräfte bis zum letzten Mitarbeiter wirklich verstanden und mit voller Begeisterung und hoher Eigenverantwortung umgesetzt wurde.

Vielleicht wird die nächste Erweiterung von redi darin bestehen, diese neue Unternehmensphilosophie in ganz andere Branchen zu tragen – etwa in den Handel oder die Bereiche Energie und Medizin. Es gibt keinen Grund, warum sie dort weniger wichtig oder weniger erfolgreich sein sollte.

Einhaltung von ethischen Standards

Das, was unsere Unternehmensphilosophie ausmacht, kann man einerseits als Einhaltung von allgemeinen ethischen Standards bezeichnen, wie sie beispielsweise im Global Compact der Vereinten Nationen für international tätige Unternehmen zusammengefasst sind. Andererseits geht unsere Unternehmensphilosophie weit über solche allgemeinen rechtlichen oder freiwilligen Standards hinaus. Das wurde in diesem Buch ausführlich dargestellt. Es wird jedoch immer wichtiger, dass sich Unternehmen für den erstgenannten Bereich von Standards einer freiwilligen, aber dennoch konsequenten und unabhängigen Kontrolle unterziehen. Als Instrument hierfür haben einige große internationale Konzerne einen „Compliance Officer" benannt, der diese Aufgabe erfüllen soll. Ich halte diese Entwicklung für einen guten Schritt in die richtige Richtung und habe daher entschieden, dass die redi-Group als eines der ersten mittelständischen Unternehmen einen solchen „Compliance Officer" einführt.

Da immer mehr Unternehmen immer stärker im Licht der öffentlichen Wahrnehmung stehen, wächst der Druck auf die Unternehmen, Korruption konsequent auszuschließen, sich korrekt an das Steuerrecht zu halten und jede Form von Diskriminierung zu vermeiden. DaimlerChrysler hat vor kurzem nicht nur einen eigenen Compliance Officer etabliert, sondern angekündigt, dass es nach einer Übergangszeit nur noch mit Unternehmen zusammenarbeiten will, die ebenfalls ein solches Überprüfungssystem etabliert haben.

Aber auch unabhängig davon hätte ich ein solches System in meinem Unternehmen etabliert, denn es ist die beste Gewährleistung für mein Unternehmen, dass wir uns nicht nur formal korrekt verhalten, sondern ein Höchstmaß an Dynamik für die optimale Weiterentwicklung unserer gesamten ethischen Standards zu Integrität, Loyalität und Qualität entfalten.

Um diesen erweiterten Standard zu erreichen, haben wir uns entschieden, nicht nur einen externen Rechtsanwalt mit der absolut unabhängigen und permanenten Überprüfung aller Standards zu beauftragen. Im Unterschied zu allen bisherigen Compliance-Systemen in anderen Unternehmen werden wir unsere Mitarbeiter aktiv in die Gestaltung unseres Compliance-Systems einbeziehen. Derzeit spricht der benannte Chief Compliance Officer mit den Abteilungsleitern, um ihre Ideen und Vorschläge aufzunehmen, aber auch um sich mit möglichen Bedenken auseinanderzusetzen. Es ist essenziell, dass wir die Führungsmannschaft zu 100 Prozent im Boot haben für dieses System.

In einer zweiten Phase werden wir das Programm im Rahmen von Schulungen allen Mitarbeitern vorstellen. Ich erwarte von meinen sehr engagierten und kritischen Mitarbeitern viele gute Anregungen. So hat jeder die Möglichkeit, das System selbst mitzugestalten. Ich möchte nicht, dass irgendwer etwas unterschreibt, wohinter er nicht voll steht. Wenn im Compliance-Programm steht, dass ein Unternehmen keine Diskriminierung gestattet, heißt das ja noch lange nicht, dass wirklich keine stattfindet. Jeder muss begreifen, worum es wirklich geht.

Danach muss man sich gemeinsam daran machen, das Programm mit Leben zu erfüllen. Am Anfang ist ein solches Programm wie ein Rohdiamant, der wenig wert ist. Nur durch mühsames Schleifen wird es kostbar und damit ein wirklich wesentlicher Bestandteil des Unternehmens. Ethische Grundsätze kann man nicht aufoktroyieren, sondern nur in einem stetigen Prozess zu echtem Glanz bringen.

Auch muss solch ein System immer weiterentwickelt werden, also den inneren und äußeren Veränderungen angepasst werden. Als erstes ist hierzu ein klares finanzielles Bekenntnis erforderlich, dass man dies als eine wichtige Zukunftsinvestition ansieht. Für die Implementierung und die Weiterentwicklung in den ersten fünf Jahren haben wir daher 1,3 Millionen Euro vorgesehen, was deutlich über dem liegt, was im Vergleich zu anderen Unternehmen unserer Unternehmensgröße angemessen wäre.

Den Kern unserer eigenen Innovation für ein solches System bildet die Etablierung eines internen und eines externen Compliance Rates, nicht nur eines externen Compliance Officers. Der interne Compliance Rat setzt sich aus den Führungskräften zusammen. In regelmäßigen Abständen wird hier Rechenschaft darüber abgelegt werden, wie weit die Mitarbeiter die im Kodex festgeschriebenen Grundsätze verinnerlichen und leben. Der externe Compliance Rat ist für die Weiterentwicklung des Programms zuständig. Er prüft, ob es auf dem neuesten Stand ist. So ein System muss durch Input von außen immer wieder aktualisiert werden, sonst tritt es auf der Stelle.

Im Unterschied zu den anderen Unternehmen haben wir die Position des Chief Compliance Officer nicht mit einem internen und damit abhängigen Mitarbeiter besetzt, sondern durch einen externen und unabhängigen Rechtsanwalt. Nur dieser ist wirklich überzeugend in der Lage, mir in jedem Falle offen zu sagen, wenn ich eventuell gegen irgendeinen der Standards verstoße. Sobald die Strukturen stehen, wird dieser Rechtsanwalt eine Hotline einrichten, über die ihn jeder Mitarbeiter anonym anrufen kann, wenn dieser irgendwelche Bedenken hat, ob wir unsere Standards einhalten. Außerdem wird er regelmäßig mit den Geschäftsführern und Abteilungsleitern sprechen, um alle nur denkbaren negativen

Entwicklungen schon vorbeugend entschlossen anzupacken. Er ist ferner als Rechtsanwalt auch Ansprechpartner für Zweifelsfragen.

Wir waren eines der ersten Unternehmen in unserer Branche, das sich auf höchste Qualitätsstandards zertifizieren ließ. Da für uns ethische Standards ebenso eine Frage der Qualität eines Unternehmens und seiner Leistungen für die Gesellschaft ist, ist es nur konsequent, auch hier zu den Vorreitern zu zählen und die bis dahin entwickelten Compliance Systeme eigenständig und konsequent weiterzuentwickeln.

Soziale Marktwirtschaft – auch betriebsintern

Nicht alle Menschen können unter allen Lebensbedingungen so leicht den Weg zum Lebensunternehmer einschlagen. Es kann jedem Menschen passieren, dass er in eine Notlage gerät, aus der er alleine nur schwer wieder herauskommt. Wenn jemand, aus welchen Gründen auch immer, eine hohe Schuldenlast zu tragen hat, belastet dies seine Entwicklungsmöglichkeiten erheblich. Noch schmerzhafter ist, wenn dadurch auch die Familie mitleiden muss. Ist in solchen Fällen nur der Staat gefragt? Reicht immer das Netz unserer sozialen Marktwirtschaft?

Stark geprägt durch unsere eigene Erfahrung in der sehr schwierigen Zeit vor und in der ersten Phase der Gründung von redi-Control haben meine Frau und ich entschieden, sobald dies wirtschaftlich möglich sein würde, eine Stiftung ins Leben zu rufen. Die „Dagmar und Dieter Reitmeyer Stiftung – Arbeitnehmer in Not“ wurde 2003 formell gegründet. Unsere Motive hierfür wie auch unsere Zielsetzung und Philosophie sind in der Stiftungspräambel deutlich beschrieben:

„Auslöser des Stiftungswunsches sind die vielfältigen Eindrücke und Erfahrungen der beiden Gründer, die diese in ihrer Zeit der Selbständigkeit von den Ungerechtigkeiten und Unzulänglichkeiten des rein kapitalistischen Systems gewonnen haben. Gerade bei den die gesamte Wirtschaft tragenden Stützen, den Arbeitnehmern, lösen populistische Betriebsführungen, Prinzipien des Shareholder Value und eine ausschließlich kennzahlenorientierte Unternehmensführung oftmals größte wirtschaftliche Probleme aus, die aus einst fleißig arbeitenden Mitarbeitern nicht selten hoffnungslose Individuen machen, die in einer Spirale der Verschuldung untergehen und jegliches Selbstwertgefühl verlieren. In dieser Situation gehen größte Potenziale menschlicher Schaffenskraft und Individualität verloren, was letztendlich die gesamte ‚soziale Marktwirtschaft' in Frage stellt.

Die Stiftungsgründer haben sich zum Ziel gesetzt, diesen aus dem System sozialer Marktwirtschaft unverschuldet herausgefallenen (ehemaligen) Arbeitnehmern die Chance auf einen Neuanfang zu geben. Dabei steht nicht die direkte finanzielle Hilfe im Vordergrund, sondern insbesondere die Hilfe und Unterstützung zur Selbsthilfe."

Unternehmen sollten eine starke Mitverantwortung für das Wohl unserer Gesellschaft übernehmen. Die Defizite sind trotz des Systems unserer sozialen Marktwirtschaft erheblich. Unternehmen tragen damit nicht nur zu ihrer eigenen Glaubwürdigkeit in der Wahrnehmung ihrer Kunden und der Öffentlichkeit bei, sondern sie profitieren von ihrem gesellschaftlichen Engagement in vielen weiteren Hinsichten sehr stark.

Mit ihrem gesellschaftlichem Engagement geben sie nicht zuletzt ihren eigenen Mitarbeitern einen überzeugenden Beleg dafür, wie ernst ihnen ihre Unternehmensphilosophie ist. Wenn sie sehen, wie wichtig dem Unternehmen das

Wohl seiner Mitarbeiter ist (insbesondere, wenn diese in Not sind), dann leben auch sie diese Unternehmensphilosophie noch aktiver und noch kraftvoller, wovon das Unternehmen wiederum unmittelbar profitiert.

Das, was man heute „Corporate Social Responsibility“ (CSR) nennt, sollte daher in den Unternehmen nicht allein in der PR-Abteilung verankert sein, sondern alle Abteilungen umfassen und vor allem als zentraler Aspekt der gesamten Unternehmensstrategie gesehen werden. Bei der redi-Group ist die Sorge um das Wohl der Menschen nicht ein soziales Feigenblatt, sondern grundlegende Unternehmens- und Lebensphilosophie. Ganz persönlich möchte ich die Aufgabe, nach immer besseren Antworten zu suchen, wie man Menschen in Not am besten helfen kann, niemals in meinem Leben vermissen.

Hunderte Anfragen landeten auf meinem Schreibtisch, und wir hatten wirklich alle Hände voll zu tun, diese zu bearbeiten. Schnell stellten wir fest, dass wir noch eine ganze Menge zu lernen hatten. Es gibt sehr viele Menschen, die einen sehr rührenden Brief aufsetzen und diesen an 20 bis 30 Stiftungen auf einmal verschicken, um Schenkungen zu erhalten. Wir lernten recht schnell, intensive Recherchen anzustellen, bevor wir eine Genehmigung durch die Stiftung erteilten. Aber trotzdem unterliefen uns anfänglich immer wieder Fehler.

An einen meiner größten kann ich mich erinnern, als sei es gestern gewesen. Ich kam abends gegen 20:30 Uhr von der Arbeit und im Fernsehen lief eine Sendung, die sich mit großen sozialen Ungerechtigkeiten beschäftigte. Es wurde eine sehr arme Mutter gezeigt, die mit ihrem Kind auf der Erde saß, weil sie angeblich keine Möbel hatte und das Sozialamt nicht zahlte. Im Interview klagte sie über mangelndes Essen für ihr Kind und darüber, wie schlecht doch das Sozialamt sei. Dieser Vorgang brachte mich auf die Palme. Ich glaubte einfach nicht, dass solche Umstände in Deutschland herrschten.

Meine Frau und ich schauten uns an und wir entschlossen uns, noch am selben Abend zu helfen. Nach acht bis zehn Telefonaten wussten wir die Anschrift und wir machten uns auf den Weg. Die Frau lebte in Wuppertal, wo wir gegen 22.00 Uhr ankamen. Als wir die Wohnung betraten, trauten wir unseren Augen nicht. Ein zwei Jahre altes Kind saß auf dem Fußboden einer kalten Wohnung und außer einigen Stühlen sowie einem Küchentisch war nichts vorhanden. Die Frau sah wirklich schlimm aus und weinte über ihre Situation. Wir ließen ihr 1.000 Euro in bar dort und sagten ihr zu, uns am nächsten Morgen sofort mit dem zuständigen Sozialamt in Verbindung zu setzen. Gegen Mitternacht waren wir wieder zu Hause und voller Zorn auf die zuständigen Behörden, die so etwas zugelassen hatten.

Am nächsten Morgen war ich der erste Besucher des Sozialamtes in Wuppertal. Ich war so wütend, dass ich den Sachbearbeiter gar nicht zu Wort kommen ließ. Dieser war sehr gefasst und sagte mir, dass es ihm sehr leid tue, aber ich sei da wohl auf eine Betrügerin hereingefallen. Diese Frau ist geschieden und Alkoholikerin, sagte er mir. Ihr Mann, der nur zwei Häuser weiter wohnt, hat das Sorgerecht für das Kind und erhält Monat für Monat pünktlich seine Zahlungen. Und wie kommt das Kind dahin, wollte ich wissen? Das leiht sie sich immer von ihrem Mann aus, wenn jemand kommt, der so dumm ist wie Sie, musste ich mir anhören. Sie teilt sich dann anschließend das Geld mit ihrem Exmann und bringt das Kind zurück.

In diesem Moment stellte ich wirklich alles in Frage. Ich war mir nicht mehr sicher, ob ich die Fähigkeiten besäße, eine Stiftung zu leiten. Ich zog mich zurück und ging sehr lange in einem Wald spazieren, wie immer, wenn ich Probleme mit mir habe. Ich erinnerte mich an all das Positive, das ich gelernt hatte, und musste an eine ehemalige Führungskraft aus meinem Untenehmen denken, an einen Mann, der immer zu mir kam und über die Probleme mit den Mitarbeitern jammerte. Wie schwer es doch sei, sie zu führen. Ich antwortete ihm dann immer: Wenn ich nur Mitarbeiter hätte, die keine Probleme machen, bräuchte ich doch keine Führungspersonen. Ich sagte ihm, dass gerade ein Vorgesetzter die Aufgabe hat, sich den Problemen zu stellen und sie zu lösen.

Diese Erinnerungen halfen mir, das Negative abzustreifen. Ich hatte nichts weiter als ein Problem, und hiervon löste ich täglich mehrere. Was ich zu tun hatte, war, mich auch innerlich dieser Herausforderung zu stellen. Ich musste lernen, auch solche Angelegenheiten wesentlich professioneller anzugehen, noch intensivere Recherchen anzustellen und erst dann eine Entscheidung zu fällen.

Die Stiftung war für mich nicht nur die Möglichkeit zu helfen, nein, sie war wesentlich mehr. Im Laufe der Zeit erkannte ich hierin einen Teil meines Lebenswegs. Jahrelang hatte ich eine innere Unruhe, wenn ich mich fragte: „Wofür bist Du da?" Immer hatte ich das Gefühl, da muss noch etwas kommen, du kannst wesentlich mehr als nur hier und da zu spenden, wenn irgendwo auf dieser Welt durch Katastrophen Menschen in Not geraten. Ich fand in diesem Punkt meinen Weg sehr lange Zeit nicht, bis ich redi gründete und hierdurch die Stiftung ins Leben rufen konnte.

Natürlich mache ich auch weiterhin mit der Stiftung hier und da Fehler, aber ich merkte mehr und mehr, dass sie mein Leben vervollständigte. Heute kann ich sagen: Durch die Stiftungsarbeit habe ich meine innere Ausgeglichenheit gefunden. Die Stiftung hat mir im Laufe der Jahre gezeigt, wie unser aller Leben funktioniert. *Erstens:* Ich muss es tun. *Zweitens:* Positives und Negatives liegen sehr nahe beieinander. *Drittens:* Wenn ich lerne, dem Positiven den absoluten Vorrang zu geben, bin ich dem Glück ganz nahe. Privat, Beruf oder Stiftung, alles funktioniert nach demselben System. Wir müssen es nur erkennen und umsetzen, also TUN.

Beispielgebend und für mich am überzeugendsten hat diese Erkenntnis Muhammad Yunus vorgelebt. Er spricht davon, dass wir neben den rein gewinnorientierten Unternehmen so genannte Sozialunternehmen brauchen, deren Zweckbestimmung in der unmittelbaren Dienstleistung für das Wohl der Gesellschaft liegt. Mit seiner Grameen Bank und seinen inzwischen 25 weiteren Unternehmen schuf er das Muster, wie sich sozialer Impuls und unternehmerisches Handeln bestens ergänzen. Bei seinem Deutschlandbesuch im Juni 2007, bei dem ich die große Freude hatte, ihm den erstmals vergebenen „Vision Award" zu überreichen, meinte er: „Ich freue mich auf die Konkurrenz zwischen rein kapital- und den neuen sozialmotivierten Unternehmen. Für mich ist aufgrund meiner bisherigen unternehmerischen Erfahrungen klar, wer hier die besseren Zukunftschancen hat. Nur Menschen, die sich rundum als Menschen behandelt fühlen, geben ihr Bestes. Die Zukunft gehört, mit jedem Tag mehr, diesen Unternehmen."

Soziales Engagement ist ein wichtiges Lernfeld für die Entwicklung emotionaler Intelligenz. Nachdem mir dies immer deutlicher wurde, möchte ich an jene, die im Augenblick nicht in Arbeit stehen, folgenden Rat weitergeben: Engagieren Sie sich in einem sozialen Projekt, das anderen Menschen dient. Vervollkommnen Sie dort weiter Ihre emotionalen und ethischen lebensunternehmerischen Qualitäten. In diesem Übungsfeld werden Sie nicht nur neuen Sinn für Ihr Leben gewinnen. Sie arbeiten gleichzeitig an jenen

Fähigkeiten weiter, die in der künftigen Arbeitswelt immer größere Bedeutung erlangen. Die erfolgreichen Arbeiter und Angestellten der Zukunft sind jene mit der Fähigkeit zur Demut, jene, die den Mut finden, sich der eigenen Menschlichkeit zu stellen.

KAPITEL 5

Eine doppelte Bildungsinitiative: Die Initiative Lebensunternehmer und das Projekt 4020/2010

Notwendig: Eine Bildungsrevolution in Sachen Schlüsselkompetenzen

Unsere Ausbildungs- und Fortbildungssysteme, unsere Fördersysteme zur Wiedereingliederung von Arbeitslosen sowie unser gesamtes Bildungssystem sind noch sehr weit davon entfernt, Lebensunternehmer heranzubilden. Wir brauchen nichts weniger als eine Bildungsrevolution, die sehr weit über die heutigen Diskussionen über eine kleine Bildungsreform hier oder dort hinausreicht.

Noch immer funktioniert Bildung im Wesentlichen so: Man erhält über einen Zeitraum von neun, 13 oder auch 18 Jahren eine mittelgroße bis sehr große Tankfüllung an Wissen – und ist überrascht, dass diese immer seltener für ein ganzes Leben reicht. Immer wieder gab es in unserer Gesellschaft Impulse, dass sich etwas Grundlegendes an unserem Verständnis von Bildung ändern müsse.

So sprach beispielsweise unser ehemaliger Bundespräsident Roman Herzog von einem „Ruck", der durch unser Land gehen müsse, und von „lebenslangem Lernen". Er meinte damit vor allem die Bereitschaft zu Fortbildungen und Umschulungen. Dies weist zwar in eine richtige Richtung, geht aber nicht tief genug.

Der angemessenste und umfassendste Ansatz ist aus meiner Sicht jener der Initiative Lebensunternehmer, die im Jahr 2006 bei einem Segeltörn auf dem Bodensee von Menschen mit unterschiedlichstem Hintergrund – gerade nicht nur von Bildungsexperten – ins Leben gerufen wurde. Ich habe erst knapp ein Jahr später von diesen Ideen gehört und kann mich ihnen nur von ganzem Herzen anschließen.

Was wir heute brauchen, ist die Herausbildung von solchen Schlüsselkompetenzen, die es jedem Menschen ermöglichen, sein lebenslanges Lernen und seine gesamte Lebensgestaltung möglichst selbständig in die eigenen Hände nehmen zu können. Was sind dies für Schlüsselkompetenzen?

Die Lernkompetenz. Es gibt längst eine Vielzahl von Lernmethoden, mit denen es sich jeder Mensch erheblich erleichtern kann, neuen Wissensstoff aufzunehmen, einzuordnen, zu behalten und anzuwenden.

Mit Gedächtnistrainingsprogrammen wie Megamemory kann man zum Beispiel Sprachen mit fünfmal geringerem Zeitaufwand erlernen. Mit Mind-Mapping kann man sich für jegliches Wissen übersichtliche gedankliche Baumstrukturen entwickeln, sodass wir uns eine entscheidend bessere Übersicht verschaffen können, wie alle Dinge und alles Wissen miteinander zusammenhängen. Die Merkfähigkeit sowie die Klarheit des Denkens werden dadurch entscheidend verbessert.

Die Montessori-Pädagogik schuf für die unterschiedlichsten Altersstufen sehr erfolgreiche Mittel und Wege, mit denen wir die Welt anschaulicher begreifen können. Vera Birkenbihl sammelte und entwickelte eine Fülle an einfachsten Methoden, mit denen jeder in jedem Lebensalter viel leichter und effektiver lernen kann. Norm und Kathy Green entwickelten das „Kooperative Lernen“, mit dem sie ihre Schule in Kanada an die Weltspitze der erfolgreichsten Schulen führten.

Das kolumbianische Bildungssystem der Stiftung FUNDAEC entwickelte interaktive Trainingsbücher, mit denen sie ausgerechnet die vermeintlich Bildungsschwächsten in entlegenen ländlichen Regionen Kolumbiens so gut ausbildeten, dass die Jury der EXPO 2000 vom „besten Bildungssystem der Welt" sprach. Dieses Bildungssystem kommt übrigens ohne traditionelle Lehrer aus und arbeitet nur mit Tutoren. Und viele weitere Beispiele ließen sich anführen.

Warum nur fand fast nichts von alledem Einzug in unsere Bildungssysteme? Wenn hoffentlich bald alle Menschen in der Schule vor allem solche Methoden eines besseren, effektiveren und eigenständigeren Lernens lernen würden, wären sie auf ein lebenslanges Lernen wesentlich besser vorbereitet.

Die Teamkompetenz. Inzwischen weiß es wirklich jeder Mensch, wie wichtig und wertvoll Teamkompetenz ist, sei es im Beruf oder in der Partnerschaft und Familie oder in welchem Lebensbereich auch immer. Und dennoch ist Teamkompetenz nirgendwo Basis- und Pflichtfach.

Teamlernen ist nur ein Bereich von Teamkompetenz. Das zuvor genannte „Kooperative Lernen" sowie das tutorielle Lernen mit interaktiven Trainingsbüchern von FUNDAEC sind praktische Anwendungsbeispiele hiervon. Ein privates Gymnasium in Tschechien arbeitet beispielsweise sehr stark mit tutoriellem Lernen. Dies bedeutet: Die Schüler bereiten einen Großteil des Lernstoffs, meist in Teams, selbst vor und vermitteln diesen dann im Klassenverband ihren Mitschülern. Der traditionelle Lehrer tritt in eine nur noch moderierende Rolle zurück. Das Ergebnis: Diese Schüler haben eine entscheidend höhere eigenständige Lernmotivation und Lernfähigkeit. An diesem Gymnasium schließen regelmäßig mehr als 10 Prozent der Absolventen ihre Hochschulreifeprüfung mit einem Notenschnitt von 1,0 ab und 40 bis 60 Prozent mit einem Schnitt bis zu 1,5. Die meisten von ihnen gehen danach an Elitehochschulen und meistern ihr künftiges Leben in ungewohnter Souveränität. Die Schüler dieser Schule kommen nicht aus Elite-Elternhäusern, sondern aus ganz normalen Verhältnissen.

Teamkompetenz bildet sich natürlich noch auf viele andere Weisen. Die Helene-Lange-Schule in Wiesbaden, die bei der PISA-Studie in Deutschland am besten abschnitt, arbeitet beispielsweise sehr stark mit Theaterspielen, durch das die Fähigkeit des Rollenspiels, des sich in andere Hineindenkens, besonders gefördert wird sowie generell der Umgang mit Sprache. Auch hier ist das Ergebnis: Teamfähigkeit, Lernfähigkeit und Lebenspraxistauglichkeit werden dadurch gleichzeitig weit überdurchschnittlich gefördert.

Wieso leisten wir uns weiterhin den Luxus, Teamkompetenz als Luxus zu sehen, den nur einige wenige Spitzenmanager in superteuren Spezialtrainings erlernen dürfen?

Die Konfliktlösungskompetenz. Als der Friedensnobelpreisträger des Jahres 2006, Muhammad Yunus, gefragt wurde, wie er seine „Bank für die Armen" Grameen zu einem derartigen Erfolg des systematischen Weges aus der Armut für Millionen von Menschen führen konnte, gab er dies zur Antwort: „Wir haben gelernt, Probleme zu lieben. Probleme sind der ideale Rohstoff für Fortschritte und für Innovationen. Wieso sollten wir ein Problem mit Problemen haben, so wie mir dies oft bei euch im Westen der Fall zu sein scheint? Man muss nur lernen, wie man Probleme löst."

In der Tat kann man lernen, wie man Probleme und auch wie man Konflikte löst. Auch hierfür gibt es sehr viele Trainingsprogramme für jedes Lebensalter und für jede Lebenssituation. Thomas Heinle beispielsweise entwickelte ein Programm für die allerschwierigsten Fälle von Langzeitarbeitslosigkeit und er schaffte es, dass mehr als drei Viertel seiner Teilnehmer danach wieder Arbeit finden oder sich sogar selbständig machen. Sein Geheimnis ist die Visionsarbeit. Er legt gemeinsam mit seinen Klienten frei, was deren eigentlicher Berufstraum wäre – und zeigt ihnen ganz praxisbezogen auf, wie sie alle Stolpersteine auf dem Weg dorthin Stein für Stein wegräumen können. Die Theatergruppe „Peoples Theater" in Offenbach gewann viele Preise für ein interaktives Theaterkonzept, mit dem sie in die Schulen gehen und dort die real vorhandenen Konflikte aufgreifen und mit den Schülern sehr praktisch lösen. Die Schüler lernen, wie man Mobbing abwendet, Drogenkonsum aus dem Wege geht, unangemessenem Gruppendruck widerstehen kann und vieles mehr.

Wie viel wäre gewonnen in unserer Gesellschaft, wenn jeder von uns systematisch seine Problem- und Konfliktlösungskompetenz entfalten würde? Wie viel menschliches Leid wäre gebannt und wie viel Innovationskraft wäre geboren? Warum nur fehlt diese Ausbildung, diese Kompetenzbildung in unserer gesamten Bildungslandschaft?

Die Wertekompetenz. In diesem Buch bin ich immer wieder hierauf zurückgekommen: An der Qualität der Werteorientierung eines Menschen entscheidet sich, wie viel Glück ein Mensch selbst erlangen kann, wie gut er andere Menschen fördern kann, welche Qualität und Nachhaltigkeit die Produkte und Dienstleistungen haben werden, an denen er mitarbeitet.

Es ist interessant, wie stark ausgerechnet in der Wirtschaft das Thema Werteorientierung und Wertekompetenz in jüngerer Zeit wiederentdeckt wird. Immer mehr Manager und Unternehmer entdecken für sich die Sinnfrage als ihr wichtigstes Lebensthema und die Werteentwicklung in ihrem

Unternehmen als die wichtigste Gestaltungsaufgabe, um ihr Unternehmen zukunftsfit zu machen.

Wenn der Wert von Werten inzwischen auch dort erkannt wird, wo man lange Zeit glaubte, dass es keinen Platz für Werte gibt, wo die Gesetze des Marktes und der Konkurrenz herrschten, dann ist es höchste Zeit, dass wir wieder über einen höheren Stellenwert von Werten in der Ausbildung jedes Menschen nachdenken.

Ein Problem der Wertebildung ist die noch immer vorhandene Konfessionalität der Wertevermittlung. Dies fördert eine ungute Abgrenzung zwischen den Menschen unterschiedlicher Konfessionen oder Religionen und widerspricht dem eigentlichen Anliegen der Wertevermittlung mehr, als dies viele Menschen wahrnehmen möchten. Gerechtigkeit, Liebe, Vertrauen, Verantwortung, Aufrichtigkeit – es gibt keinen wirklichen Wert, der nicht für alle Menschen Gültigkeit besitzen würde. Und es gibt keinen Wert, der nur für die eigenen Konfessionsangehörigen gültig wäre oder nur dort exklusive Anerkennung finden würde. Vielleicht könnte es eine Befreiung für die Wertevermittlung in unserer Gesellschaft sein, wenn zumindest ein Grundstock der Werte unabhängig von Glaubenshintergründen vermittelt würde und wenn in entsprechenden Trainingsbüchern auf die Verankerung dieser Werte in allen Religionen und in weiteren philosophisch-humanistischen Ausrichtungen hingewiesen würde. Diese Werte-Trainingsmaterialien könnten dann von allen eingesetzt werden, gleichgültig, welcher Glaubensrichtung man selber zugehört. Jeder Glaubensrichtung wäre es dann freigestellt, individuell auf diese grundlegende Wertevermittlung weiter aufzubauen. Dies würde vermutlich die allgemeine Wertevermittlung stärken sowie zugleich auch die Glaubwürdigkeit der Religionsgemeinschaften.

Sehr gute Trainingsmaterialien dieser Art existieren bereits. Sie könnten gesichtet und weiterentwickelt werden und dann Eingang in allen Bereichen der formellen und informellen Bildungsarbeit finden.

Die unternehmerische Kompetenz. Der Begriff „Unternehmer" oder „unternehmerisch" muss heute neu gefasst werden. Der Begriff „Lebensunternehmer" zeigt die Richtung, in die wir heute alle gehen müssen, sehr gut an. Und wenn sicher auch in Zukunft nicht alle Menschen zu Unternehmern im traditionellen ökonomischen Sinne werden, so müssen sich doch die Fähigkeiten aller Menschen sehr stark in Richtung Selbstverantwortung und eigenständiger Lebensbewältigung weiterentwickeln. In diesem Sinne ist hier der Begriff „unternehmerische Kompetenz" gemeint. Man könnte auch von „lebenspraktischen Kompetenzen" sprechen. Wenn wir uns diese im Einzelnen ansehen, werden wir feststellen, dass weitaus die meisten davon sich mit den Schlüsselkompetenzen decken, die auch einen klassischen Unternehmer auszeichnen. Die Unterschiede zwischen einem Lebensunternehmer und einem klassischen Unternehmer werden künftig vielleicht tatsächlich vor allem gradueller Natur sein.

Welche lebenspraktischen beziehungsweise lebensunternehmerischen Kernkompetenzen sollte heute jeder Mensch entwickeln? Ich möchte hier bewusst nur ein Beispiel herausgreifen, das vor allem eines zeigen soll: Man muss Kompetenzenbildung und Lebensunternehmerbildung gründlich anders denken als traditionelle Wissensvermittlung.

Ein Entwicklungsprojekt in Nepal traf die scheinbar abenteuerliche Entscheidung, einer Pilotgruppe von 125 000 Frauen gleich parallel mit einem Alphabetisierungsprogramm die Kompetenz von Projektmanagement beizubringen.

Man zeigte ihnen, wie sie für ihre persönliche wie für die gemeinschaftliche Dorfentwicklung die wichtigsten Bedarfe feststellen können, wie man dann daraus eine Prioritätenabfolge festlegt, wie man sich von wem welche Unterstützung holt, wie man die Umsetzungserfahrungen systematisch beobachtet und aus den gemachten Fehlern lernt, und schließlich: wie man alles Gelernte an andere im Dorf und in der Region systematisch weitergibt. Die Ergebnisse waren sensationell: Die Frauen konnten plötzlich selbst erkennen, was sie brauchen, und sich selbst und die erforderlichen Prozesse dementsprechend organisieren und steuern. Der übliche Hilfeweg wurde umgekehrt: Sie trafen jetzt die Entscheidung, von welcher staatlichen Stelle oder Hilfsorganisation sie was haben wollten und was auch nicht. Sie lernten, ihre erworbene Kompetenz selbständig weiterzuentwickeln und weiterzuvermitteln. Noch bei keinem Entwicklungsprojekt zuvor gab es so viel autonome Aktivität – und ein solches Ergebnis: Nach drei Jahren war das Einkommen dieser Familien, die zuvor am untersten Ende der sozialen Leiter in ihrem Lande standen, um den Faktor Acht gestiegen, 800 Prozent Einkommenssteigerung dank der Schlüsselkompetenz Projektmanagement!

Dies ist sicher ein Leuchtturm-Beispiel, von dem aber die ganze Welt sehr viel lernen kann, auch in den industrialisierten Ländern. Weitere lebenspraktische beziehungsweise lebensunternehmerische Schlüsselkompetenzen sind beispielsweise: soziale Kompetenz, kommunikative Kompetenz, Ermutigungskompetenz, haushälterische Kompetenz, systemische Kompetenz, ästhetische und kreative Kompetenz und vieles mehr.

Ein wachsender Kreis von Personen arbeitet derzeit daran, diese Art von Kompetenzenbildung systematischer aufzuarbeiten und stärker in unsere Gesellschaft hineinzutragen. Sie arbeiten in der Tat an nichts Geringerem als einer Bildungsrevolution. Allerdings hat das Konzept der Kompetenzenbildung den Vorteil, dass es modular eingeführt und gefördert werden kann. Man kann in der Schule oder im Unternehmen mit einem einzelnen Training oder Programm beginnen und dieses nach Lust und Gelegenheit erweitern. Diese Bildungsrevolution kann also sehr sanft und flexibel stattfinden. Und man muss nicht einmal darauf warten, dass eine Bildungseinrichtung oder ein Unternehmen so weit ist, in dieses neue Bildungssystem mit ersten Experimenten einzusteigen. Jeder kann ganz für sich privat oder in kleinen privat initiierten Lerngemeinschaften damit beginnen, ein Megamemory-Programm zu absolvieren oder ein Programm, in dem er lernt, eigene kraftvolle Visionen zu entwickeln. Und jeder kann dadurch gestärkt und wieder mit mehr Mut und Freude in die so schnell wachsende Wissenswelt einsteigen und sich dort fortbilden. Jeder kann jederzeit für sich entscheiden, ein Lebensunternehmer zu werden.

Dennoch möchte ich jedem Leser dieses Buches empfehlen, die weitere Entwicklung der Initiative Lebensunternehmer zu beobachten. Ihre Prinzipien sind in der nachfolgend abgedruckten „Bodensee-Charta" festgehalten. Weitere Informationen sind auf der Homepage www.lebensunternehmer.org zu finden.

Die Bodensee-Charta. Die Entwicklung der Menschheit gibt dem Menschen immer mehr und immer handlungsmächtigere Mittel in die Hand, sein Leben mit immer weiter reichender schöpferischer Kraft zu gestalten und zum immer aktiveren Mitgestalter dieser Erde zu werden. In dieser Phase der Evolution des Menschen und der Menschheit halten wir es für eine zukunftsentscheidende Aufgabe, dazu beizutragen,

a) dass *jeder* Mensch zu einem möglichst selbständigen und verantwortungsvollen „Unternehmer seiner besten Potenziale“ wird – zu einem *„Lebensunternehmer“ – und*
b) dass jeder Mensch zu einem Lebensunternehmer *in ganzheitlicher und globaler Verantwortung* wird.

Letztlich geht es um nichts Geringeres, als das Denken in Kategorien der „Macht des Stärkeren“ durch ein Denken und Handeln mit der „Macht der Würde“ jedes einzelnen Menschen zu überwinden. Die Werte des Weltethos und der Erdcharta sind uns dabei Leitlinien zur fortschreitenden Konkretisierung des neuen „Leitbilds Lebensunternehmer“.

Das Team der Bodensee-Charta treibt die Vision der selbstverantwortlichen, mündig werdenden Bürgerinnen und Bürger an und die Veränderung von einer passiven und defizitorientierten Gesellschaft zum aktiven und stärkenorientierten Lebensunternehmertum. Dafür entwickeln und fördern wir den Aufbau einer Struktur für Lifelong Learning und Lifelong Guidance.

Dies bedeutet für uns insbesondere:
1. Lebensunternehmertum gilt uns als oberstes Prinzip. Wir fördern alle Menschen auf ihrem Weg, Unternehmer der eigenen Visionen und Potenziale zu werden.
2. In allen die Entwicklung fördernden Sektoren wie Bildung, Beratung, Erziehung oder Betreuung gilt für uns das Prinzip „Hilfe zur Selbsthilfe“, um die Menschen zur selbst gesteuerten und eigenverantwortlichen Lebensgestaltung zu befähigen.
3. Wir verpflichten uns, für die Verwirklichung unserer Prinzipien stärkenorientierte, vielfältige und nachhaltige Methoden zur Begleitung und Unterstützung zu entwickeln, um die unausgeschöpften Potenziale nutzbar zu machen.

4. Wir entwickeln hierzu in gegenseitiger Ergänzung, umfassender Vernetzung und internationaler Zusammenarbeit einen gemeinsamen Instrumentenkoffer und eine gemeinsame Vermarktung.
5. Hinter der Forderung nach „lebenslangem Lernen“ steht für uns der Grundsatz, dass die Theorie und Wissensvermittlung am Selbst erfahrbar zu machen ist. Unter „lebenslangem Lernen“ verstehen wir die permanente Weiterentwicklung der formal sowie der informell erworbenen Kompetenzen.
6. Wir sind zutiefst überzeugt von unvorstellbar reichen Gestaltungs- und Entwicklungsmöglichkeiten jedes Menschen entsprechend dem Gedanken von Hans Vaihinger, nach dem es schlicht Dummheit sei, an positive Möglichkeiten nicht zu glauben, denn genau damit verschließe sich der Mensch selbst neuen Entdeckungen und Chancen.
7. Unser Ziel sind die Sichtbarmachung und die Anerkennung *aller* Kompetenzen, egal wo und wie diese erworben worden sind. Die Bildungssysteme müssen durchlässig gestaltet werden, damit für alle Menschen Chancengleichheit verwirklicht werden kann.
8. Für alle Prinzipien und Ziele dieser Charta gilt die Berücksichtigung aller Zielgruppen und aller Generationen. Unser Ziel ist es, Lifelong Guidance von der frühen Kindheit bis zum hohen Alter und zur Sterbebegleitung in das Leben zu integrieren. Eigenverantwortung und Annahme beziehungsweise aktive Inanspruchnahme von Beratung fördern sich dabei gegenseitig.
9. Die Förderung und Umsetzung des „Leitbilds Lebensunternehmer“ sehen wir als eine entscheidende Steigerung des Sozialkapitals eines Gemeinwesens, einer Region oder von Netzwerken an und damit als einen entscheidenden Faktor in der Standort- und Regionalentwicklung.

10. Durch das „Leitbild Lebensunternehmer" soll
    - in der Medizin,
    - in der Erziehung,
    - bei juristischen Sanktionen

    der Präventionsgedanke eine neue Gewichtung erlangen in der Form der Einbindung der Kraft der Vision des Einzelnen.
11. „Tue, was du wirklich, wirklich willst!" Die eigene Vision zu entwickeln und deren Erreichen anzustreben ist ein wesentlicher Bestandteil eines jeden Lebens. Menschen dabei zu unterstützen ist Teil unserer Vision.

Eine Zukunftsformel: Ingenieur + Lebensunternehmer = Projektingenieur

Ralph Waldo Emerson meinte einmal, wir sollten nach dem Motto leben: Mach das Beste aus dir, denn das ist alles, was du hast.

Das Beste ist heute eindeutig, Lebensunternehmer zu werden. Ein arbeitsloser Ingenieur kann auf diese Weise wieder zurück ins Arbeitsleben finden, wie wir eingangs des vierten Kapitels gesehen haben. Aber er kann dadurch auch den Sprung zum Projektingenieur erreichen und damit gleichzeitig hier in Deutschland wie auch in vielen anderen Ländern neue Arbeitsplätze und Wohlstand schaffen.

Sehen wir uns zunächst noch einmal einen der langzeitarbeitslosen Ingenieure an, der an einem unserer Requalifizierungsprogramme teilgenommen hat und inzwischen wieder in das Arbeitsleben integriert ist durch eine Daueranstellung bei redi-Control. Auch unser Unternehmen kann es sich genauso wenig wie andere leisten, Mitarbeiter nach Kriterien wie jung oder alt, schön oder nicht so schön einzustellen. Für jeden Mitarbeiter gilt allein der Maßstab, ob er für den Job gut ist. Auch wenn der Altersdurchschnitt bei der redi-Group deutlich höher liegt als in anderen vergleichbaren Unternehmen, galt als Auswahlkriterium immer nur „gut vor weniger gut".

Warum haben wir dann bei redi so viele ältere Mitarbeiter eingestellt, erst recht nachdem sie unsere Requalifizierungsmaßnahmen absolviert hatten?

Diese Älteren haben zum einen verstanden, dass die von uns angebotene Requalifizierung für sie eine einmalige Chance bedeutet, die sie möglicherweise kein zweites Mal in dieser Form erhalten. Sie engagierten sich in den drei genannten Aufholprogrammen im Englischen, im Umgang mit den fachspezifischen Computerprogrammen und im Umgang mit den jeweils unternehmensspezifischen Systemen derart stark, dass sie viele jüngere Ingenieure tatsächlich wieder einholten und zum Teil auch überholten. Dies war eine wichtige Voraussetzung für die Wiederkehr ihres beruflichen Erfolgs, aber bei Weitem nicht der einzige Faktor.

Der zweite große Faktor war ihre Erfahrung. Wenn sie zuvor 20, 30 Jahre lang beruflich tätig waren, entwickelten sie dadurch einen Erfahrungsschatz, den ein junger Ingenieur einfach noch nicht haben kann. Erfahrung bringt auch in technischen Berufen ein intuitives Gespür hervor, mit dem man zielsicherer ein akutes Problem in einem Betrieb identifizieren kann. Dies erwies sich als ein klares Plus unserer älteren Mitarbeiter gegenüber den in der Regel um einiges jüngeren Mitarbeitern in konkurrierenden Unternehmen.

Als ein dritter bedeutsamer Faktor kam der besser entwickelte Teamgeist bei den älteren Mitarbeitern hinzu, auf den offenbar in früheren Jahrzehnten mehr Wert gelegt wurde. Man unterstützte sich in den Projektteams besser und es herrschte insgesamt eine bessere Atmosphäre. Dies wurde noch einmal gesteigert durch eine besondere Dankbarkeit für die erteilte Chance. All dies führte dann noch zu deutlich niedrigeren Krankenständen, zu mehr Solidarität untereinander, zu größerer Loyalität gegenüber dem gemeinsam getragenen Unternehmenserfolg.

Und noch ein vierter Faktor darf nicht vergessen werden: die betriebsinterne Ermutigung und Förderung von emotionaler und ethischer Intelligenz. Dies bereitet letztlich jeden Menschen in den entscheidenden Punkten auch auf höhere Aufgaben vor – beispielsweise auf eine Funktion als Projektingenieur.

In der Expansion von Unternehmen und insbesondere in der Globalisierung von Ingenieurjobs brauchen wir immer mehr Projektingenieure. Die redi-Group sowie alle deutschen Unternehmen, deren Leistungen weltweit gefragt sind, suchen vor allem solche Ingenieure, die gleichzeitig Teams aufbauen und führen können mit 20, 30 oder mehr Ingenieuren.

Ein Projektingenieur ist im Grunde ein „Unternehmer im Angestelltenverhältnis". Er muss betriebswirtschaftliche Fähigkeiten erwerben und er muss in der Lage sein, ein gesamtes Projekt zu koordinieren, er muss logistische Fähigkeiten besitzen. Neben seinem Ingenieurstudium, das ihm beibrachte, in einem kleinen Team zu planen und ein Projekt durchzuführen, muss er heute die Anforderungen erfüllen, die notwendig sind, ein ganzes Mikrounternehmen zu führen. Er muss in der Lage sein, andere Menschen zu führen und mit diesen ein komplexes Projekt abzuarbeiten.

Mit der Haltung als Lebensunternehmer ist dies ganz sicher kein Problem, vielmehr stellt dies eine enorme Bereicherung des eigenen Lebens dar. Mit den genannten zusätzlichen Fähigkeiten, die man für einen Projektmanager braucht, wird jeder Mensch auch sein privates Leben noch wesentlich vielfältiger und reicher gestalten können. Dies ist gerade beim Älterwerden ein nicht zu unterschätzender Vorteil, der einen vor dem Gefühl des Ausgebranntseins oder Nicht-mehr-gebraucht-Werdens schützt. Wer es als Ingenieur plus Lebensunternehmer einmal zum Projektingenieur geschafft hat, weiß außerdem für den Rest seines Lebens, dass er sich immer neue Fertigkeiten erwerben kann, wenn diese gebraucht werden oder wenn er ganz persönlich Lust auf neue Herausforderungen verspürt. Nicht zuletzt erwächst für Projektingenieure auch die Chance, noch mehr von der Welt kennenzulernen, was die Lebensgeister ebenfalls erweitert und erfrischt.

Wie schon weiter oben beschrieben, hat nicht nur „made in Germany" nach wie vor in der Welt einen exzellenten Klang, sodass wir eine historische Chance haben, deutsche Ingenieurkunst in den nächsten Jahrzehnten bis in die letzten Winkel der Erde zu tragen. Auch der Wert von „made in the Germans way", also der besonderen Qualität des Zupackens und des Teamgeists, der jedes Problem mit höchster Qualität lösen will, wird immer mehr in der Welt geschätzt. Dies ist eine traumhafte Vorlage für Hunderttausende in unserem Land, ihre technischen Qualitäten um Lebensunternehmerqualitäten zu erweitern und dadurch die gefragtesten Projektingenieure und Projektmanager für den weltweiten Ausgleichsprozess zu werden.

Gleichzeitig wird dies auch in Deutschland eine Vielzahl weiterer neuer Arbeitsplätze für Fachkräfte in den unterschiedlichsten Bereichen schaffen, wie die bereits erwähnten Zahlen der „Hidden Champions" belegen. Deutschland hat die Chance zu einem neuen Wirtschaftswunder, das ebenso wie das erste aus einer Krise hervorwächst. Hier kann man der Bundeskanzlerin Angela Merkel nur zustimmen, die in ihrer Neujahrsansprache für das Jahr 2008 meinte:

„Über viele Jahrzehnte war Deutschland das Land der Lebenschancen für jeden – der Chance zum Aufstieg, der Chance zur Teilhabe, der Chance, etwas zu erreichen, für sich und seine Familie. Das hat unser Land stark gemacht. Genau das wird nach einer viel zu langen Phase des Stillstands jetzt wieder neu möglich … Deutschland ist auf gutem Weg, wieder das Land der Lebenschancen für jeden werden zu können. Deutschland kann seine alte Kraft als das Land des solidarischen Zusammenhalts auch in der globalen Welt wieder neu unter Beweis stellen … Deutschland kann seine alte Kraft als das Land der sozialen Marktwirtschaft wieder neu unter Beweis stellen, der Verbindung von Freiheit und Gerechtigkeit, Fleiß und Unternehmergeist. Deutschland kann seine alte Kraft als das Land der Ideen neu unter Beweis stellen. Nicht selten waren es bahnbrechende Ideen deutscher Tüftler, die die Welt verändert haben. Unsere beiden diesjährigen Nobelpreisträger sind ein beredtes Beispiel dafür. Seien wir auch in Zukunft das Land der Ideen und machen wir aus Ideen Taten und aus Taten Chancen für jeden. Das waren, sind und bleiben Deutschlands Stärken. Die Politik ihrerseits muss und sie wird ihren Teil dazu beitragen, damit diese Stärken unseres Landes weiter gestärkt werden."

Dem bleibt nur hinzuzufügen: Damit die guten wissenschaftlichen und technischen Ideen aus diesem Lande zur besten Blüte gereichen, müssen auch dessen gute gesellschaftliche Ideen beherzt aufgegriffen und flächendeckend umgesetzt werden. So gilt beispielsweise das duale Bildungskonzept in Deutschland als einer der großen Erfolgsgründe für das Wirtschaftswunder nach dem Zweiten Weltkrieg. Die Kompetenzenbildung beziehungsweise die Bildung zu Lebensunternehmern kann der entscheidende Erfolgsgrund für das neue Wirtschaftswunder werden.

Die redi-Initiative 4020/2010 – 4020 neue Arbeitsplätze bis 2010 schaffen

Die redi-Group möchte mit ihren bereits gesammelten Erfahrungen auf diesem Gebiet den ihr möglichen Beitrag leisten. Das von der redi-Group ganz alleine finanzierte Requalifizierungsprogramm für knapp 100 langzeitarbeitslose Ingenieure war ein Anfang dazu. Die redi-Initiative 4020/2010 ist ein nächster, deutlich größerer Schritt. Aber auch dieser Schritt soll, neben der Wiedereingliederung von über 4 000 Arbeitslosen, nur ein Zwischenschritt sein zu einer gesellschaftlichen Innovation, die das gesamte Land erfasst.

Doch zunächst zur Initiative 4020/2010. Sie wird hier bewusst ausführlicher dargestellt, weil ihre Konzeption Modellcharakter haben kann für eine weitaus praxisnähere Aus- und Fortbildung in unserem Lande.

Bei dieser Initiative geht es uns im Vergleich zur ersten Initiative insbesondere darum, weitere wichtige gesellschaftliche Partner einzubeziehen wie die Bundesagentur für Arbeit und nicht zuletzt auch den Gesetzgeber. Ohne deren Engagement kann das mögliche Maß an Ausweitung auf die Gesellschaft nicht erreicht werden. Worum geht es genau?

Ziel ist es, bis zum Jahr 2010 mindestens 4 020 Arbeit suchende Fachkräfte – Facharbeiter, Techniker und Ingenieure – im Bereich Automotive und verwandten Industrien weiterzuqualifizieren und zurück in die Berufswelt zu führen. Dies soll vor allem durch „Training on the Job" ermöglicht werden. Die Teilnehmer dieser Maßnahme erhalten nach erfolgreichem Abschluss durch die redi-Group oder ein Partnerunternehmen die Chance, in die Berufstätigkeit reintegriert zu werden.

Grundvoraussetzung für Arbeit suchende Fachkräfte, an diesem Programm teilzunehmen, ist eine abgeschlossene Grundausbildung, ein Studium oder ein vergleichbarer Werdegang in der ersten Bildungsphase sowie die Bereitschaft des Arbeitsuchenden, sich fortzubilden. Dies bedeutet, dass der Arbeitsuchende sich Zusatzqualifikationen direkt in der Praxis in einem „Training on the Job" aneignen muss. Dies kann eine Vertiefung bisherigen Könnens und Wissens bedeuten, aber auch die Erlangung neuer Fähigkeiten.

Darüber hinaus müssen sich die Teilnehmer auf ihren „Arbeitsplatz der Zukunft" einlassen wollen. Dies bedeutet, dass die Teilnehmer zum einen Flexibilität und zum anderen Mobilität mitbringen müssen. Flexibilität heißt, sich auf abwechslungsreiche Arbeitseinsätze mit den unterschiedlichsten Aufgaben einzustellen, Mobilität bedeutet, weltweit einsetzbar zu sein. Untersuchungen bei den heute erfolgreichsten Unternehmen haben gezeigt, dass diese beiden Faktoren im Zeitalter der Globalisierung nicht nur in technischen Berufen immer entscheidender werden. Diese Untersuchungen haben aber zugleich auch den Nachweis erbracht, dass Menschen, die sich auf mehr Flexibilität und Mobilität eingestellt haben, mit dieser Entscheidung alles andere als unglücklich sind. Sie erleben dies als eine neue und bereichernde Lebensqualität.

In einer sogenannten zweiten Bildungsphase werden die Teilnehmer durch das „Training on the Job" der Initiative 4020/2010 in den heutigen Stand der Technik eingeführt. Die Betonung liegt hier auf „on the Job", da die Teilnehmer gezielt in die Berufspraxis eingewiesen und dort weiterqualifiziert werden. Dies ermöglicht den Teilnehmern, eine vollständige berufliche Handlungsfähigkeit wiederzuerlangen beziehungsweise diese zu erweitern.

Die Teilnehmer erhalten nach erfolgreicher Absolvierung des Programms folgende Möglichkeiten:

- Festeinstellung bei der redi-Group,
- Festeinstellung bei dem Industriepartner, vorausgesetzt, der Partner ist hieran interessiert,
- Wechsel in die Selbständigkeit.

Zum einen werden für die Teilnehmer Partnerunternehmen mit absehbarem Bedarf an Fachkräften in der Automobil- und verwandten Industrien gesucht. Hier werden gezielt Plätze im Bereich Qualität, Logistik und Projektmanagement gesucht. Schon wenige Wochen nach dem Start unserer Initiative hatten wir bereits für über 1 000 solcher Plätze die Zusagen von Partnerunternehmen.

Zum anderen spielt aber auch die Bundesagentur für Arbeit eine entscheidende Rolle bei der Reintegration der Teilnehmer in die Berufswelt. Nach der ersten gemeinsamen Veranstaltung zu dieser Initiative Ende September 2007 am Hauptsitze der redi-Group in Langenfeld bei Düsseldorf, zu der 330 Menschen kamen, meinte Herbert Tritscher, Operativ-Geschäftsführer der Regionaldirektion NRW der Bundesarbeitsagentur: „Die hier praktizierte Methode der Fachkräftegewinnung hat Modellcharakter und ist geeignet, bundesweite Strukturen zu verändern." Mehr als 120 dieser Teilnehmer haben schon nach kurzer Zeit ihre Bewerbungen eingereicht und sie konnten in den Start der Maßnahme aufgenommen werden.

Die für die Region Düsseldorf zuständige Arbeitsagentur war zunächst sehr skeptisch wegen der zu erwartenden Resonanz aufgrund ihrer bisherigen Erfahrungen. Sie ging von maximal 50 Personen aus, die der Einladung nach Langenfeld folgen würden. In der Tat erwies sich das Raster für die Auswahl der Einzuladenden als viel zu eng. Man lud in einer ersten Einladungsphase nur Personen ein, die explizit Arbeiten im Bereich der Automobil- und Zulieferbranche suchten. Auf unsere Empfehlung hin wurde das Suchraster erweitert. Wir argumentierten: Man muss das Profil der Arbeit, für die man Menschen sucht, zwar klar umschreiben, aber man muss dafür auch potenziell passende Quereinsteiger ansprechen. Quereinsteiger erwiesen sich immer dann, wenn sie die Anpassung an die neuen Aufgaben schafften, als besonders wertvolle Mitarbeiter. Die Regionaldirektion der Bundesarbeitsagentur ließ sich überzeugen. Das Ergebnis war eine Versiebenfachung der als Höchstgrenze angesehenen Rückmeldequote. Und wie nicht anders zu erwarten war, fanden sich gerade unter potenziellen Quereinsteigern auch hier ganz besonders motivierte Menschen mit Vorkenntnissen, die den erfolgreichen Umstieg durchaus als sehr erfolgversprechend erscheinen ließ.

Die von der redi-Group bereitgestellte Projektleitung für die Initiative 4020/2010 übernahm die Kommunikation und Koordination zwischen redi, den Partnerunternehmen und der Bundesagentur. Das Projekt konnte also beginnen.

Das „Training on the Job" wird individuell je nach dem bestehenden Qualifikationsstand der Teilnehmer und den Bedürfnissen des jeweiligen Partnerunternehmens ergänzt um Trainings zur Auffrischung von Sprachkenntnissen, um Schulungen für spezielle Hardware und Software oder um das Training von Fertigkeiten, die den spezifischen Anforderungen der jeweiligen Industriepartner gerecht werden, zum Beispiel für individuelle interne Prozesse, Qualitätsstandards oder spezielle Unternehmensphilosophien. Die Regelzeit für diese Qualifizierung beträgt sechs Monate, sie kann aber individuell angepasst werden.

Die Partnerunternehmen werden im ersten Schritt durch den verantwortlichen Geschäftsführer, im zweiten Schritt durch den verantwortlichen Teilnehmer- und Partnerbetreuer betreut. Mit den teilnehmenden Partnerunternehmen werden

Werkverträge oder Arbeitnehmerüberlassungsverträge über die Art und Dauer des „Trainings on the Job" abgeschlossen. Für einen ersten Probezeitraum werden die Teilnehmer dem Industriepartner ohne Vergütung zur Verfügung gestellt. Dafür erhält die Initiative 4020/2010 als Gegenleistung einen Teilnehmerplatz zur Weiterqualifizierung

Die Hauptlast der Finanzierung des Programms liegt zunächst bei der redi-Group. Je nach den persönlichen Voraussetzungen der Teilnehmer erfolgt eine Teilentlastung durch Mittel der Bundesagentur für Arbeit. Eine Amortisation erfolgt später im Rahmen des sich anschließenden Beschäftigungsverhältnisses der bei redi verbleibenden, dann ausgebildeten Arbeitskräfte.

Die redi-Group sichert den Teilnehmern für den Zeitraum der Qualifizierungsmaßnahme eine gleichbleibende Bezahlung zu. Nach einer ersten Probe- beziehungsweise Einarbeitungszeit wird dem Partnerunternehmen ein zunehmender prozentualer Anteil des üblichen redi-Stundensatzes für die geleistete Arbeitszeit des Teilnehmers in Rechnung gestellt.

Die Initiative 4020/2010 ist ein bundesweit durchgeführtes Programm zur Requalifizierung und somit Reintegration von Fachkräften in den ersten Arbeitsmarkt. Die Erfolgsfaktoren sind, noch einmal zusammengefasst:

- Die Kundennähe der redi-Group, die bis 2007 bereits über 1 500 Mitarbeiter einstellen konnte und die zu den Unternehmen in Deutschland zählt, die in den vergangenen Jahren am meisten Arbeitsplätze schufen; in Verbindung damit das Wissen, was der Markt heute und in den nächsten Jahren braucht.
- Der Praxisbezug durch „Training on the Job" von der ersten Minute an.

- Die Teilnehmer erhalten zunächst einen befristeten Vertrag bei der redi-Qualify GmbH.
- Bei erfolgreicher Teilnahme erfolgt eine direkte Einstellung bei der redi-Group – auch unbefristet.
- Keine Verpflichtungen für die teilnehmenden Partnerfirmen, Teilnehmer zu übernehmen.
- Allerdings besteht nach Absprache die Möglichkeit, am Ende des Programms den jeweiligen Teilnehmer einzustellen oder auf Basis eines Werkvertrags oder eines Arbeitnehmerüberlassungsvertrags über die redi-Group den jeweiligen Teilnehmer für temporäre Projekteinsätze zu beziehen.
- Gezielte Ausbildung zum Schließen von Wissenslücken entsprechend des Bedarfs der Projektpartner.
- Ausgleich zusätzlicher Defizite des einzelnen Teilnehmers durch Schulungen in Abendveranstaltungen und Wochenendseminaren.
- Durchführung eines qualifizierten Auswahlverfahrens durch die Initiative 4020/2010 mit Unterstützung der Bundesagentur für Arbeit und gemeinsame Verbreitung der Initiative.

Für den Arbeitsuchenden, speziell für Arbeitnehmer sowie Menschen, die einen ihrer bisherigen Branche verwandten Bereich der Arbeitswelt kennenlernen möchten, bietet das redi-Qualify-Programm „Initiative 4020/2010“ hervorragende Perspektiven.

Der Fokus des Programms liegt dabei auf Chance und Veränderung zugleich: Eine hohe Flexibilität und Eigenmotivation sind unabdingbar. Entsprechend bildet das Programm durchaus auch einen natürlichen Filter, der von Beginn an durch eine klare Information dessen wirkt, was auf die Menschen zukommt.

Natürlich soll den Menschen aber auch die Hand gereicht werden, die nötige Flexibilität zu entwickeln. Hier ist bisweilen eine stringente und nachhaltige Argumentation über den Nutzen erforderlich. Der „On the Job"-Ansatz des Projektes erlaubt sozusagen den Live-Test für Änderungswillige, die noch keine Erfahrung mit Außeneinsätzen haben. Wer letztlich teilnimmt, kann bereits stolz auf sich sein. Er gehört zu jenen, die ihre Chance bereits begriffen und sich für den Arbeitsplatz der Zukunft mental gerüstet haben.

Unternehmen und Zulieferer in den Bereichen Automotive und in verwandten Industriezweigen haben zunehmend die Aufgabe, die richtige Fachkraft für die richtige Lösung zum richtigen Zeitpunkt am richtigen Ort zu haben. Im klassischen Arbeitnehmer-Arbeitgeber-Verhältnis ist dies in Deutschland bis heute nur sehr begrenzt möglich. Zudem gibt es in Deutschland ein starkes Gefälle, was die Verfügbarkeit von Fachkräften allgemein angeht. Dieses Gefälle gilt sowohl regional als auch altersbedingt. Das Projekt 4020/2010 nimmt beide Herausforderungen auf und verknüpft sie mit der Erkenntnis, dass das Potenzial Älterer sowie „nahe genug" Qualifizierter in Deutschland bisher weitgehend brachliegt.

Für die Partnerfirmen dieser Initiative ergibt sich die Chance, an dieser sozialen, wirtschaftlichen und politisch ausgesprochen relevanten Initiative durch die Bereitstellung von „Training on the Job"-Plätzen für das genannte Potenzial maßgeblich mitzuwirken. Diese Firmen haben dadurch gleich ein ganzes Paket an Vorteilen:

- die Erschließung eines bisher ungenutzten Arbeitsmarktsegments,
- die bedarfsgerechte Ausbildung zusammen mit der redi-Qualify,

- die Möglichkeit zur festen Übernahme von neu angelernten Fachkräften,
- eine Imagestärkung lokal und national sowie
- eine neue effiziente Methode zur Sanierung oder auch Belegung des Arbeitsmarkts.

Neue Chancen für Deutschland: Eine bundesweite Qualifizierungsoffensive

Die Initiative 4020/2010 eröffnet auch für unser Land und seine Bürger eine besonders große Chance. Politik und Wirtschaft sind nicht mehr so sehr auf Greencards und Bluecards und ähnliche Programme angewiesen, sondern können das erhebliche noch nicht ausgeschöpfte Arbeitskräftepotenzial in unserem Lande mit dem Ansatz von „Training on the Job" weitaus besser erschließen als bisher.

Dem aktuellen Problem des Ingenieur- und Technikermangels, der sich inzwischen zu einem handfesten breiten Fachkräftemangel in der deutschen Industrie ausgewachsen hat mit rund 400 000 fehlenden Kräften, kann damit wirksam, kostengünstig und risikoarm entgegengewirkt werden. Durch die gezielte Zusammenführung von geeigneten Teilnehmern und Industriepartnern, die händeringend qualifizierte Arbeitskräfte suchen, ergibt sich die Möglichkeit, innerhalb weniger Monate qualifizierte, praxiserfahrene Kräfte in die Industrie zurückzuführen oder ihr diese anzubieten.

Laut einer Schätzung des Deutschen Industrie- und Handelstages erleidet die deutsche Wirtschaft durch den Fachkräftemangel jetzt schon einen Wertschöpfungsverlust in Höhe von 23 Milliarden Euro. Für die künftigen Jahre sehen die Prognosen eine weitere deutliche Steigerung des Fehlbestands an qualifizierten Kräften, während gleichzeitig jene Menschen, die in diese Lücke gehen könnten, nicht die richtige Qualifizierung erhalten, die sie aus der Arbeitslosigkeit führen würde. Der volkswirtschaftliche Schaden durch den Fachkräftemangel addiert sich somit in den nächsten Jahren auf jeweils mehr als 50 Milliarden Euro, wenn man den Wertschöpfungsverlust auf der einen Seite und die gleichzeitig gezahlten Arbeitslosen- oder Hartz-IV-Gelder addiert.

Bisher werden in der Politik zu sehr noch Konzepte diskutiert, die erst langfristig wirken können, beispielsweise Programme zur Senkung der mit acht Prozent sehr hohen Abbrecherquote im deutschen Bildungssystem, oder Programme, deren Wirkung sehr zweifelhaft ist, wie Sanktionen gegen die 500 000 notorischen Schulschwänzer.

Eine gemeinsame Anstrengung zur systematischen bundesweiten Ausweitung des Ansatzes „Training on the Job" von 4020/2010 kann im Vergleich dazu wesentlich schneller wirken und wesentlich zielgenauer den Bedarf abdecken. Auch sind dafür nicht zusätzliche finanzielle Mittel erforderlich, sondern lediglich ein intelligentes Umorganisieren vorhandener Mittel.

Mit ihrer Initiative 4020/2010 bietet die redi-Group schließlich der Bundesregierung ein Pilotprogramm an, das diese nicht mehr selbst finanzieren muss. Sie kann die daraus gewonnenen Erfahrungen frei nutzen und dementsprechende Programme und Fördermaßnahmen aufsetzen. Uns geht es nicht darum, neue Aufträge für unser Unternehmen redi-Qualify zu akquirieren, sondern dazu beizutragen, dass ein offensichtliches Erfolgsmodell möglichst schnell gesamtgesellschaftlich genutzt und umgesetzt wird. Wir erheben daher auf unser Modell keinerlei Copyright-Ansprüche.

Die bisher gemachten Erfahrungen mit unserem 4020/2010-Programm sind ausgesprochen ermutigend, nicht nur wegen der bereits erwähnten ersten Erfolgszahlen. Besonders ermutigend empfand ich den Wandel, der sich offensichtlich derzeit bereits in sehr starkem Maße bei den von Langzeitarbeitslosigkeit betroffenen Menschen vollzogen hat. Die früheren Erfahrungen der Bundesagentur für Arbeit in Bezug auf Veranstaltungen, wie wir sie erstmals im September 2007 in Langenfeld für Arbeitslose durchführten, waren, dass sich lediglich fünf bis maximal 15 Prozent von den Teilnehmern zu einer solchen Qualifizierungsmaßnahme entschließen. Dass es bereits nach kurzer Zeit mehr als ein Drittel waren, überraschte alle.

Dennoch kann das System, das wir ins Leben gerufen haben, nur dann bundesweit erfolgreich werden, wenn sich sehr viele Räder drehen. Wir brauchen die Bundesagentur für Arbeit, die sich dort weiter einklinkt und noch weitaus stärker mitzieht. Wir brauchen die Politik, die die vorhandenen Gesetzgebungen und Ausführungsbestimmungen so ändert, dass keiner der Beteiligten in bürokratischen Verästelungen erstickt oder finanzielle Nachteile im Vergleich zu seinen bisherigen Optionen erleidet. Und last, not least brauchen wir die Industrie, nicht nur die Großindustrie, sondern auch Mittelständler, die bereit sind, uns diese neue Form von „Training on the Job"-Ausbildungsplätzen zur Verfügung zu stellen.

Keiner dieser erforderlichen Partner hat sich bisher gegen seinen Part an dem Programm gewehrt. Jeder ist dabei, uns zu unterstützen, um die Barrieren zu beseitigen. Jeder ist bereit, das Nötige beizutragen, damit wir auch im großen Stil vorankommen können, um alle diejenigen zu requalifizieren, die wieder in den Arbeitsmarkt zurückkehren wollen. Die Zeichen stehen also günstig.

Unser Land kommt in einer inzwischen weltweit offenen Marktwirtschaft nicht umhin, den Gesetzen von Angebot und Nachfrage zu folgen. Die Nachfrage einer sich immer weiter globalisierenden Wirtschaft besteht, so hat dieses Buch hoffentlich überzeugend darlegen können, nach Menschen, die bereit sind, aktive Unternehmer ihres eigenen Lebens und ihrer persönlichen umfassenden Weiterentwicklung zu werden. Da diese Nachfrage so humane Züge trägt wie in keiner der früheren Phasen menschlicher und wirtschaftlicher Entwicklung, sollte jeder einzelne Mensch diese Chance ergreifen und so motiviert wie nie zuvor auch ein entsprechendes Angebot einbringen nach dem Motto: Ja, ich bin ein Lebensunternehmer! Ich entwickle Zug um Zug meine besten Fähigkeiten, weil mir dies das größte Maß an Freiheit und Glück und die größten Chancen zu materiellem wie immateriellem Wohlstand eröffnet.

Wir müssen jetzt den Schalter umlegen und gemeinsam eine Lebensunternehmerkultur in unserem Lande anpacken.

STATEMENTS

von Mitarbeitern und Menschen, die der redi-Group sehr nahe stehen

Dipl.-Ing. Knudt Flor, Werksleiter BMW-Motorenwerke
Niemals hat die Firma BMW bessere Erfahrungen gemacht als mit der von der redi-Group angebotenen Qualifizierungsoffensive. Ich kann nur allen Unternehmen dringend dazu raten, sich hieran zu beteiligen und dadurch mit geeignetem Fachpersonal den Herausforderungen des globalen Marktes gerecht zu werden. Wir als BMW AG werden die redi-Group auch zukünftig bei diesem Projekt tatkräftig unterstürzen.

Dipl.-Ing. Dietmar Bacher,
Centerleitung DaimlerChrysler Ludwigsfelde GmbH
Die Trainings-on-the-Job-Maßnahme der redi-Group unterstützt die DaimlerChrysler AG zu einhundert Prozent. Sie ist aus meiner Sicht deshalb so gut, weil eine typische Win-Win-Situation geschaffen wird.

1. DaimlerChrysler sichert sich absolutes Fachpersonal, auf das wir jederzeit flexibel zurückgreifen können.
2. Aus Sicht der redi-Group bietet sie uns ein enorm flexibles System, was sie fast unentbehrlich erscheinen lässt und ihr hiermit einen Wettbewerbsvorteil verschafft.
3. Gemeinsam leisten wir so den Beitrag zur Linderung des Fachkräftemangels in Deutschland.
4. Der heute Arbeitslose erhält eine neue Lebensperspektive.

Dr. Willi Fuchs, VDI-Direktor

Das Alter von Ingenieuren darf in Zeiten des Fachkräftemangels kein Ausschlusskriterium auf dem Arbeitsmarkt sein. Wir brauchen das Know-How und die Erfahrung älterer Fachkräfte und somit ihre schnelle Reintegration in das Berufsleben. Die gezielte Weiterqualifizierung und Trainings-on-the-Job arbeitsloser Ingenieure werden daher für Unternehmen immer wichtiger. Die redi-Group geht hier mit ihrer Initiative 4020/2010 und der Qualifizierungsoffensive mit gutem Beispiel voran.

Monika Quednau aus Herten,
Ehefrau des Koordinators Rüdiger Quednau von der redi-Control

Womit beginnt man, über eine Firma zu berichten, von der das Glück und die Zukunft einer ganzen Familie abhängig waren und sind? Ich denke, am Anfang.

Im Jahr 1999 wurde mein Mann, der einem handwerklichen Beruf in einem großen deutschen Unternehmen nachging, arbeitslos und wir konnten unseren finanziellen Verpflichtungen nicht mehr nachkommen. Wir standen kurz vor dem Verkauf unseres Hauses. Mein Mann schrieb Bewerbungen, bekam aber immer wieder Absagen. Er versank in Selbstmitleid und Depressionen, die sich auch auf unsere Familie und unsere Ehe auswirkten.

Von einem Freund unserer Familie bekamen wir den Tipp, sich doch einmal bei der Firma redi-Control in Langenfeld, von der wir vorher noch nie gehört hatten, zu bewerben.

Dieter Reitmeyer, Inhaber und Geschäftsführer der Firma redi-Control, führte das Bewerbungsgespräch, bei dem Zeugnisse Nebensache waren. Hier erfuhr mein Mann zum ersten Mal Näheres über die Firma, die ein technisches Dienstleistungsunternehmen zur Qualitätssicherung ist. Er bekam die Chance, bei redi-Control zu arbeiten. Mit gemischten Gefühlen trat er seine Arbeitsstelle an.

Nach kurzer Zeit war mein Mann wie ausgewechselt. Aus einem depressiven Menschen wurde ein zufriedener und engagierter Mitarbeiter, dem das Gefühl gegeben wurde, für das Unternehmen wichtig zu sein.

Herr Reitmeyer erkundigte sich immer wieder bei meinem Mann oder auch bei mir nach Problemen, egal ob dienstlich oder privat, und unterstützte uns gemeinsam mit seiner Frau und anderen Leuten der Geschäftsführung bei den Bemühungen, unser Leben wieder zu ordnen.

Durch Gespräche mit meinem Mann wurde mir bewusst, hier lief einiges anders als bei anderen Firmen. Natürlich wird viel Wert auf qualitativ gute Arbeit gelegt, aber an erster Stelle steht der Mensch, der für die Firma arbeitet. Die Firmenphilosophie beinhaltet, dass nur ein zufriedener Mitarbeiter ein guter Mitarbeiter ist, der sein volles Engagement dem Unternehmen entgegenbringt. Immer wieder wurde uns dieses bewusst.

Mittlerweile hat sich mein Mann das Vertrauen der Geschäftsleitung erarbeitet und ist nach Hilfsarbeitertätigkeiten zum Koordinator und Kundenbetreuer für den süddeutschen Raum aufgestiegen. Unserer Familie geht es gut und wir sind glücklich, dass wir so ein Unternehmen kennenlernen durften. Ich wünschte, es gäbe mehr Betriebe in Deutschland, die ihren Mitarbeitern das Gefühl geben, ein Teil des Unternehmens zu sein und damit auch zum Erfolg der Firma beizutragen.

Petra Becker aus Hamburg,
Ehefrau des redi-Control-Koordinators Arnd Becker

Seit April 2001 ist mein Mann bei redi-Control tätig. Am Anfang hat er als Mitarbeiter in der Qualitätssicherung gearbeitet und ist inzwischen seit vier Jahren durch Fleiß, Hingabe und Fairness als Koordinator/Kundenbetreuer tätig. Ich bin stolz auf sein Engagement und unterstütze ihn, wo ich kann.

Da ich wie auch mein Mann die redi-Philosophie für gleichermaßen wertvoll wie wichtig finde, möchte ich gerne einige Worte dazu sagen.

Vor zehn Jahren hat das Unternehmen nur Qualitätskontrollen durchgeführt. Durch erstklassige Arbeit konnte Herr Reitmeyer seine Kunden von sich überzeugen. Natürlich hat er auch Rückschläge einstecken müssen, aber mit viel Fleiß, Mut und Hoffnung und der redi-Philosophie im Gepäck hat er es geschafft, ein Unternehmen mit inzwischen mehr als 1 500 Mitarbeitern aufzubauen. Seiner unternehmerischen Verantwortung ist er sich ständig bewusst und seiner Philosophie ist er treu geblieben, denn sie ist so einfach wie logisch. Von Mensch zu Mensch für Menschen. Herr Reitmeyer und seine sehr engagierte Frau leben uns täglich vor, wie man Arbeitsplätze erhält und neue schafft.

Unsere Kunden sind unser täglich Brot und darum ist deren Zufriedenheit unsere oberste Priorität. Freundlichkeit, Hilfsbereitschaft und Flexibilität sind für uns so selbstverständlich wie das einwandfreie Funktionieren unserer Kommunikationskette, um eventuelle Probleme vor Ort schnellstmöglich zu erkennen und sie zu lösen. Die Zufriedenheit des Kunden ist unser Maßstab. Nur ein zufriedener Kunde wird uns wieder mit Aufträgen betrauen.

Wir selbst sind unsere beste Werbung, denn wir stehen gemeinsam dafür ein, dass Qualität und Wertarbeit wieder eine höhere Bedeutung haben.

Zufriedene Kunden bedeuten mehr Aufträge.
Mehr Aufträge bedeuten mehr Arbeit.
Mehr Arbeit bedeutet neue Mitarbeiter.
Neue Mitarbeiter bedeuten weniger Arbeitslose.

Kinder sind unsere Zukunft. Aber nur wenn wir, die wir Arbeit haben, bereit sind, Chancen zu schaffen. In den 1980er-Jahren hatten wir noch ein Wirtschaftswachstum von zwölf Prozent. Heute sind es weniger als drei Prozent. In Deutschland leben 1,7 Millionen Kinder in Armut, weil deren Väter und Mütter keine Arbeit haben. Also lasst uns gemeinsam aufstehen, um uns ein Stück vom Wirtschaftswachstum zurückzuholen. Wir haben zwar keine gesetzliche, aber eine moralische Verpflichtung, für die Kinder dieser Welt einzustehen.

Im Unterschied zu redi-Control ist es in den meisten großen Unternehmen oft so, dass man seinen Chef nicht einmal kennt, geschweige denn gemeinsam mit ihm ein Ziel vor Augen hat. In vielen Unternehmen wird bei Kündigung eines Mitarbeiters oder bei aufkommender Mehrarbeit kein neues Personal eingestellt, sondern die Mehrarbeit muss irgendwie von den vorhandenen Mitarbeitern miterledigt werden. Das gibt es bei redi-Control nicht, denn Qualität kann man nicht im Akkord prüfen. Darum heißt Mehrarbeit bei redi-Control auch mehr Mitarbeiter und somit neue Arbeitsplätze.

Gerne wird in den Medien und der Politik behauptet, dass die Menschen in Deutschland nur noch jammern und nörgeln. Diesen Schuh ziehen wir Redianer uns nicht an, denn durch die gute Zusammenarbeit ausnahmslos aller Mitarbeiter, egal auf welcher Ebene, haben wir den Willen, die Wirtschaftslage ein Stück zu verbessern. Niemand sagt, dass es einfach ist, denn vor dem Erfolg hat Gott den Schweiß gesetzt. Aber für jeden Menschen, dem wir durch unser Engagement in unserer Mitte einen Arbeitsplatz geben können, hat sich die Mühe gelohnt.

Wir! Das sind 1 500 Mitarbeiter verschiedenster Nationalitäten. Wir treffen uns auf Meetings, um uns auszutauschen.

Wir feiern zusammen, um uns zu motivieren, zu erfreuen und uns besser kennenzulernen. Wir haben das große Glück, dass wir durch die unterschiedliche Dauer unserer Aufträge immer wieder neue Einsatzorte haben und somit sehr viele Kollegen kennenlernen. Durch diesen Vorteil haben wir die Möglichkeit immer wieder neue interessante Aufgaben zu bearbeiten und unsere Erfahrungen auszutauschen.

Neben Stundensatz, Kilometerpauschale, Übernachtungskosten und Spesen hat jeder Mitarbeiter die Möglichkeit, seine Position durch außergewöhnliche Leistungen, durch Bereitschaft, Verantwortung zu übernehmen, oder durch die Teilnahme an den verschiedensten Lehrgängen zu verbessern und somit auch mehr zu verdienen.

Außerdem hat Herr Reitmeyer immer ein offenes Ohr für neue Ideen, Anregungen oder Verbesserungsvorschläge. Herr und Frau Reitmeyer machen sich ständig Gedanken um ihre Mitarbeiter.

So haben sie uns, um nur ein Beispiel zu nennen, schon oft mit unvergesslichen Jahresabschlussfeiern erfreut, die sie sehr lange mit großem Aufwand und viel Liebe organisiert haben. Wir haben zuletzt mit 800 Personen gefeiert, die alle auf Kosten Reitmeyers im Hotel untergebracht waren. Es gab Dank und Ehrungen, tolle Buffets und Showeinlagen mit Sängern und Entertainern. Bei Tanz und Unterhaltung haben wir uns rundherum wohlgefühlt. Herr und Frau Reitmeyer haben diese Feste mit uns gefeiert, um uns zu erfreuen, um uns für unsere Leistungen im Alltag zu danken, uns zu motivieren und nicht zuletzt, um uns alle besser kennenzulernen.

Auch ein Beispiel für das Verantwortungsgefühl der Eheleute Reitmeyer ist, dass sie schon vor Jahren eine Stiftung für „Arbeitnehmer in Not“ gegründet haben, in die sie jeden Monat einen Teil ihres Einkommens einzahlen. Mit diesem

Geld haben sie schon etliche Schicksale von Mitarbeitern positiv beeinflusst. Außerdem engagieren sie sich immer wieder für sozial Benachteiligte und für Menschen, die das Schicksal hart getroffen hat. Ihr Engagement ist beispielhaft und sollte jeden dazu bewegen, nach seinen Möglichkeiten mitzuhelfen.

Werner Krause aus Haan,
technischer Geschäftsführer der redi-Group
Es begann alles im Sommer 1997. Wir lernten uns damals durch meinen ehemaligen Arbeitgeber kennen. Und irgendwann fragte mich Dieter Reitmeyer dann, ob ich mich beruflich verändern und einen Neuanfang wagen wolle.

In seiner mir damals noch nicht bekannten außergewöhnlichen Art, alles ein wenig größer, voluminöser, gewaltiger und absolut begeisternd darzustellen, stellte mir Dieter Reitmeyer seine Vision von redi-Control vor. Im Einklang mit meiner Familie begann ich den beruflichen Neuanfang im Januar 1998.

Ich habe mir die Frage gestellt, wie ich heute innerlich zu meiner Entscheidung von 1998 stehe. Die Beantwortung ist ganz einfach: Ich bin redi-Control, das heißt, ich bin ein Teil von ihr, ich lebe redi-Control.

Zurückblickend auf die mit der redi-Control gelebten Jahre gäbe es so viel Gutes, Schönes und Positives zu erzählen, dass man auf diese Weise ein ganzes Buch füllen könnte. Doch wie kann man es in Kurzform ausdrücken. Ich versuche es mit einem Vergleich. In meinem früheren Berufsleben vor redi hätte ich auf die Frage „Wann möchtest du in Rente gehen?“ so geantwortet: „Spätestens mit 60, möglichst früher.“ Heute antworte ich: „Wenn ich kann und darf (das heißt gebraucht werde), solange es eben noch geht, anders ausgedrückt: ‚Im Sattel sterben.‘“

Besser, so glaube ich, ist die Verbundenheit, die ich im Laufe der Jahre zu redi-Control gewonnen habe, nicht zu beschreiben.

Das ist die erste, die berufliche Seite der Medaille. Die zweite, die private Seite ist, dass ich in Dieter Reitmeyer einen guten, treuen und verlässlichen Freund gefunden habe. Er soll so bleiben, wie er ist, ein sozialer und gerechter Mensch, der voller Freude mit Elan, Energie und Euphorie ständig bestrebt ist, beruflich weiter nach vorne zu kommen, aber darüber hinaus auch nicht vergisst, sein privates Leben zu genießen. So möchte ich frei nach dem Motto schließen: Lass uns gemeinsam die Welt ein kleines Stück besser machen.

Manfred Hecht aus Mettmann,
kaufmännischer Geschäftsführer der redi-Group

Die ersten Berührungspunkte liegen nahezu zehn Jahre zurück. Ein Anruf von Herrn Reitmeyer gab mir zunächst Rätsel auf. Die geschilderten Umstände und Erklärungen waren für mich nicht richtig greifbar.

Ein erstes persönliches Gespräch einige Tage später brachte zwar ein wenig Licht in die Angelegenheit, aber das rechte Verständnis über die Aufgaben und Tätigkeiten war noch nicht wirklich vorhanden.

Faszinierend jedoch die Art und Weise der Beschreibung von redi-Control. Es hörte sich an, als wenn man voller Stolz über sein Kind spricht. Da war Begeisterung zu spüren, der Glaube an eine wirklich gute Sache. Das konnte ich schon aufnehmen und ließ mich zuversichtlich an folgende Gespräche denken. Es war dann nur einige Wochen später. Ich war dabei. Ich gehörte zu redi-Control.

Was das jedoch bedeutet, welche Philosophie dahintersteht, war mir zu diesem Zeitpunkt aber immer noch nicht klar. Die Erlebnisse in den zurückliegenden Jahren in

Firmen, die außer Fehlerfindung und Schuldzuweisungen keine Führung und keinen Führungsstil besessen haben, waren mir sehr wohl vor Augen. Es änderte sich gravierend. Vertrauen wurde aufgebaut, Vertrauen wurde mir und vielen anderen Personen geschenkt. Konstruktive Zusammenarbeit wurde in den Mittelpunkt gestellt. Ein Team entstand, das gemeinschaftlich in so kurzer Zeit etwas Großartiges auf den Weg gebracht hat, wie es in unserer Gesellschaft so häufig nicht vorkommt.

Unternehmen, die sich entwickeln, positiv entwickeln, haben immer einen Motor, einen Macher. Der hat in diesem Falle den Namen Dieter Reitmeyer. Mit großem Ehrgeiz und unbändigem Willen, eine Dienstleistung besser als alle anderen abzuliefern, neue Wege zu gehen, den Kunden und seine Bedürfnisse wirklich in den Mittelpunkt zu rücken, wurde in wenigen Jahren ein Vorzeigeunternehmen geschaffen. Diese Entwicklung mitgestaltet zu haben ist für mich ein besonderes Erlebnis gewesen, man kann wirklich sagen, ein Vergnügen. Es hat riesig Spaß gemacht.

Menschlichkeit als den richtigen Umgang mit der Machtsituation ist vielen Leuten in führenden Funktionen fremd. Mitarbeiter führen, motivieren, zu mehr Leistung anspornen ist gefragt.

Das ist das Geheimnis der redi-Control. Es wird sehr viel miteinander kommuniziert. Es werden Entscheidungen vorab besprochen, mit unterschiedlichen Hierarchieebenen. Kein Diktat von oben.

Bei allen Maßnahmen, die nicht jedermann gefallen können, Entscheidungen, die man so nicht gewünscht hat, es herrscht eine hohe Akzeptanz und positive Stimmung. Ein wichtiges Element, um ein Unternehmen voranzubringen.

Die menschliche Komponente, die Hilfsbereitschaft, ist eine Seite an der redi-Control, die man nicht hoch genug bewerten kann. Eine Eigenschaft, die allen Mitarbeitern nahegebracht werden sollte, damit sie es im Rahmen ihrer Möglichkeiten auch umsetzen.

Die redi-Control ist einfach anders als die meisten Firmen. Sie hat mir Werte wieder zurückgebracht, die mir verloren erschienen. An die ich persönlich aber immer geglaubt habe. In diesem Unternehmen habe ich sie wieder gefunden. Dafür meinen Dank.

Kirsten Flunkert aus Mettmann,
Leiterin Disposition der redi-Group
Als ich 1999 entschied, mich beruflich neu zu orientieren, kam ich durch einen Zufall zur redi-Control. Die Begebenheiten zu schildern würde an dieser Stelle den Rahmen sprengen. Ich will nur kurz erwähnen, dass ich den Kontakt zu redi einer Katze und dem Sohn der Katzenbesitzer zu verdanken habe. Aus heutiger Sicht kann ich sagen, dass es sich damals um einen wahren Glücks(zu)fall für mich handelte, der mein bisheriges Leben grundlegend verändern sollte.

So kam es also, dass Herr Reitmeyer mich zum Vorstellungsgespräch einlud. Aufgeregt fuhr ich mit meinen Bewerbungsunterlagen nach Langenfeld, um mich zunächst für ein Praktikum im Rahmen einer Fortbildung an einer Wirtschaftsakademie vorzustellen. Beeindruckt von der imposanten Eingangshalle betrat ich das gerade neu erbaute Firmengebäude, wo mich Frau und Herr Reitmeyer sehr freundlich empfingen. Sie baten mich in ihr Büro. Dort erzählten sie mir über den bisherigen Werdegang des Unternehmens, über die einzigartige Firmenphilosophie und ihre Erwartungen an Mitarbeiter der redi-Control. Natürlich fragten sie mich auch nach meinen Vorstellungen und Zielen. Am meisten beeindruckte mich, dass Herr und

Frau Reitmeyer während des gesamten Gesprächs nicht ein einziges Mal meine Bewerbungsunterlagen einsahen und mir trotzdem nach dem Gespräch eine Zusage für einen Praktikumsplatz gaben. Herr Reitmeyer stellte bereits während des Gesprächs heraus, dass für ihn die soziale Kompetenz eines Menschen im Vordergrund steht.

Kurze Zeit später, Mitte August 1999, begann ich also meine Tätigkeit bei redi-Control. Zunächst durchlief ich, wie es mein Praktikumsplan vorsah, die Abteilungen und lernte einiges über die Zusammenhänge und die Strukturen des Unternehmens. Da damals die Größe des Unternehmens noch überschaubar war und sich alle Abteilungen noch unter dem Dach des Bürogebäudes in Langenfeld befanden, hatte ich somit schnell alle Abteilungen durchlaufen. Mein endgültiger Platz fand sich sehr bald in der Disposition. Die Abteilung bestand bis zu diesem Zeitpunkt aus zwei weiteren Mitarbeitern.

Damals wurden in Langenfeld bundesweit alle Aufträge koordiniert und es gab schon sehr viel zu tun. Besonders die technische Dokumentation an den Kunden nahm viel Zeit in Anspruch und wurde zum Hauptbestandteil meiner Aufgaben. Während meines Praktikums nahm mich Herr Reitmeyer mit zu unseren Kunden, um auch die Arbeiten vor Ort zu verstehen. Dieser Bereich war sehr wichtig für mich, da ich zu dem Zeitpunkt erst richtig verstand, wie unsere technischen Dienstleistungen, die wir unserem Kunden anboten, aussahen. Dort konnte ich mir ein genaues Bild darüber verschaffen, wie die Einsätze unserer Mitarbeiter am Einsatzort abgewickelt wurden.

Meine Praktikumszeit bei redi verging wie im Flug. Natürlich hoffte ich auf eine feste Anstellung im Unternehmen, da mir damals schon die Idee des Unternehmens sehr gefiel.

Die Perspektive, in einem jungen, aufstrebenden Unternehmen mitzuarbeiten, faszinierte mich. Zudem hatte ich herausgefunden, dass mir der Umgang mit dem Kunden sehr viel Spaß bereitete und ich auch durch die internationalen Kundenkontakte meine bis zu dem Zeitpunkt erworbenen Sprachkenntnisse anwenden und ausbauen konnte. Ich hoffte also sehr auf eine Zusage, nach meinem Praktikum übernommen zu werden, und ich hatte ein weiteres Mal Glück: Herr Reitmeyer entschied sich für eine weitere Zusammenarbeit.

Noch im selben Jahr entschloss sich die Geschäftsführung, eine zweite Führungsebene zu installieren und die Struktur des Unternehmens durch das Einsetzen von Abteilungsleitern auszubauen. Im Oktober 2000 fragte man mich, ob ich mir vorstellen könne, die Leitung der Abteilung Disposition zu übernehmen. Zunächst war ich sehr positiv überrascht, aber auch etwas verunsichert, ob ich in der „Männerwelt" bestehen konnte. Mir war allerdings klar, dass dies ein einmaliges Angebot war und ich diese Chance ergreifen musste. Es gab also nur eine Antwort auf diese Frage. Ich entschied mich, mich der Aufgabe zu stellen, und war fest entschlossen, die Herausforderung anzunehmen.

Schnell wuchs unser Unternehmen und damit auch mein Aufgabenbereich. Inzwischen pendele ich zwischen unseren Niederlassungen in Langenfeld, Böblingen, Unterföhring und manchmal auch Wien hin und her und betreue dort die jeweiligen Mitarbeiter der Disposition. Meine Aufgabe bei redi ist ein kaum mehr wegzudenkender Teil meines Lebens geworden. Es macht großen Spaß, ein Teil der redi-Familie zu sein und das Wachstum des Unternehmens mitzugestalten und damit auch einen kleinen Teil dazu beizutragen, Arbeitsplätze zu sichern und an der Schaffung neuer Arbeitsplätze mitzuwirken.

Auch wenn es einige Hindernisse zu überwinden galt, bin ich Herrn Reitmeyer heute sehr dankbar, dass er mir immer wieder Vertrauen entgegenbrachte, indem er mich bis zum heutigen Tag fordert und fördert, aber mir auch Schwächen aufzeigt. Durch ihn als Mentor lernte ich, was es bedeutet, seinen eigenen Arbeitsplatz und den seiner Kollegen jeden Tag aufs Neue zu sichern und dafür zu kämpfen. Zudem habe ich in dieser Zeit sehr viel über den Umgang mit Menschen gelernt.

„Wer Menschen führt, muss Menschen mögen." Durch diesen Leitspruch hat Herr Reitmeyer mich sehr geprägt. Und er hat tatsächlich recht. Mit einer positiven Einstellung gegenüber seinen Mitmenschen kann man unglaublich viel erreichen. Durch diese Erkenntnis habe ich auch in meiner persönlichen Entwicklung sehr stark profitiert. Nicht zuletzt bin ich mir sicher, dass diese positive Einstellung von Herrn Reitmeyer einen großen Teil der einzigartigen Entwicklung des Unternehmens und des Erfolges ausmacht.

Ein Wort des Dankes

Zu allererst ist hier meine Familie zu nennen, die mir meine Ausgeglichenheit garantiert und mir Fehler verzeiht. Meine Familie ist der Hort meines Glücks.

Insbesondere danke ich meiner Frau, die mich meine Niederlagen immer wieder durch ermutigenden Zuspruch vergessen ließ und mir auch in den schwierigsten Zeiten immer zur Seite stand. Ich genieße das außerordentliche Privileg, eine geliebte Ehefrau sowie meinen besten Freund in einer Person zu haben.

Ich danke Herrn Peter Spiegel, ein wahres Vorbild in Sachen Visionen sowie Lebensunternehmer. Sein unermüdlicher Einsatz für eine Gerechtigkeit auf dieser Welt durch zahlreiche internationale Projekte verlangen mir den höchsten Respekt ab. Er gründete das Terra One World Network und machte sich durch zahlreiche Sachbücher bereits einen Namen als Schriftsteller. Ohne seine Hilfestellung gäbe es dieses Buch heute nicht.

Und last but not least danke ich allen Mitarbeitern der redi-Group. Ihr alle lebt meine Vorstellung von Unternehmenskultur. Ihr habt durch eure Einstellung ein einzigartiges zukunftsorientiertes Unternehmen geschaffen. Meinen tiefen Dank hierfür.

Quellen

Beschorner, Thomas/Schmidt, Matthias: *Unternehmerische Verantwortung in Zeiten kulturellen Wandels*. München 2006

Bornstein, David: *Die Welt verändern. Social Entrepreneurs und die Kraft neuer Ideen*. Stuttgart 2006

Covey, Stephen R.: *Die effektive Führungspersönlichkeit*. München 1999

Csikszentmihalyi, Mihaly: *Flow. Das Geheimnis des Glücks*. 12. Auflage. Stuttgart 2002

Dorfs, Joachim: *Die Herausforderer. 25 neue Weltkonzerne, mit denen wir rechnen müssen*. München 2007

Eigen, Peter: *Das Netz der Korruption. Wie eine weltweite Bewegung gegen Bestechung kämpft*. Frankfurt am Main 2003

Erhard, Ludwig: *Der Wohlstand der Nationen*. München 1957

Faltin, Günter: „Für eine Kultur des Unternehmerischen. Entrepreneurship als Qualifikation der Zukunft", http://labor.entrepreneurship.de/tiki-index.php?page=TextUebersicht

Frankl, Viktor E.: *Der Mensch auf der Suche nach Sinn*. Freiburg 1972

Frankl, Viktor E.: *Psychotherapie für jedermann*. Freiburg 1971

Friedman, Milton: *Kapitalismus und Freiheit*. Chicago 1962. Deutsche Ausgabe: München 2004

Friedman, Thomas L.: *Die Welt ist flach. Eine kurze Geschichte des 21. Jahrhunderts*. Frankfurt am Main 2006

Fuchs-Gabmeck, Karin/Langmeier, Sofie: *Corporate Social Responsibility im Mittelstand. Wie Ihr Unternehmen durch gesellschaftliches Engagement gewinnt*. Düsseldorf 2006

Gazdar, Kaevan/Habich, Andre/Kirchhoff, Klaus R./Vaseghi, Sam (Hrsg.): *Erfolgsfaktor Verantwortung. Corporate Social Responsibility professionell managen*. Berlin 2006

Goebel, Peter: *Erfolgreiche Jungunternehmer*. München 1990

Goleman, Daniel: *Emotionale Intelligenz*. München 1997

Habisch, Andre/Schmidpeter, Rene: *Corporate Citizenship. Gesellschaftliches Engagement von Unternehmen in Deutschland*. Berlin 2003

Heinle, Thomas: *Finde Deinen Job! Erkennen Sie Ihre Stärken und handeln Sie. Mit Leidenschaft und Willenskraft zum Traumjob*. München 2002

Hemel, Ulrich: *Wert und Werte. Ethik für Manager – Ein Leitfaden für die Praxis*. München 2007

Hirn, Wolfgang: *Angriff aus Asien. Wie uns die neuen Wirtschaftsmächte überholen*. Frankfurt am Main 2007

Holzborn, Astrid: *Corporate Social Responsibility in kleinen und mittleren Unternehmen. Grundlagen – Instrumente – Perspektiven*. München 2006

Ihlau, Olaf: *Weltmacht Indien. Die neue Herausforderung des Westens*. München 2006

Jung, Till H.: *Unternehmerisches Handeln in sozialer Verantwortung*. Düsseldorf 2007

Kirchhof, Paul: *Das Gesetz der Hydra. Gebt den Bürgern ihren Staat zurück!* München 2006

Kuhlen, Beatrix: *Corporate Social Responsibility. Die ethische Verantwortung von Unternehmen für Ökologie, Ökonomie und Soziales.* Baden-Baden 2005

Lennick, Doug/Kiel, Fred: *Moral Intelligence. Wie Sie mit Werten und Prinzipien Ihren Geschäftserfolg steigern.* Heidelberg 2006

Leonard, Mark: *Warum Europa die Zukunft gehört.* München 2007

Martin, Hans-Peter/Schumann, Harald: *Die Globalisierungsfalle. Der Angriff auf Demokratie und Wohlstand.* Reinbek 1996

Miegel, Meinhard: *Epochenwende. Gewinnt der Westen die Zukunft?* Berlin 2005

Niemeyer, Rainer: *Soft Skills. Das Kienbaum Trainingsprogramm.* München 2006

Pilny, Karl: *Tanz der Riesen. Indien und China prägen die Welt.* Frankfurt am Main 2006

Peters, Thomas J./Waterman, Robert H.: *Auf der Suche nach Spitzenleistungen.* München 1984

Poostchi, Kambiz: *Spuren der Zukunft. Vom Systemdenken zur Teampraxis.* Berlin 2006

Radermacher, Franz Josef: *Balance oder Zerstörung. Ökosoziale Marktwirtschaft als Schlüssel zu einer weltweiten nachhaltigen Entwicklung.* 4., völlig überarbeitete Auflage. Wien 2005

Radermacher, Franz Josef: *Globalisierung gestalten. Die neue zentrale Aufgabe der Politik. Das Wirken des Bundesverbands für*

Wirtschaftsförderung und Außenwirtschaft für eine globale Rahmenordnung einer Ökosozialen Marktwirtschaft. Mit Beiträgen von Christian Berner, Dieter Härthe und Peter Spiegel. Berlin 2006.

Radermacher, Franz Josef/Beyers, Bert: *Welt mit Zukunft. Überleben im 21. Jahrhundert.* Hamburg 2007

Riess, Birgit: *Verantwortung für die Gesellschaft – verantwortlich für das Geschäft. Ein Management-Handbuch.* Gütersloh 2006

Rifkin, Jeremy: *Der Europäische Traum. Die Vision einer leisen Supermacht.* Frankfurt am Main 2004

Sachs, Jeffrey D.: *Das Ende der Armut. Ein ökonomisches Programm für eine gerechtere Welt.* München 2005

Schranz, Mario: *Wirtschaft zwischen Profit und Moral.* Düsseldorf 2007

Schumpeter, Joseph A.: *Theorie der wirtschaftlichen Entwicklung.* 8. Auflage. Berlin 1993

Sen, Amartya: *Die Identitätsfalle. Warum es keinen Krieg der Kulturen gibt.* München 2007

Sen, Amartya: *Ökonomie für den Menschen. Wege zur Gerechtigkeit und Solidarität in der Marktwirtschaft.* 3. Auflage. München 2005

Senge, Peter M.: *Die fünfte Disziplin.* Stuttgart 2001

Sieren, Frank: *Der China-Code. Wie das boomende Reich der Mitte Deutschland verändert.* Berlin 2006

Simon, Hermann: *Hidden Champions des 21. Jahrhunderts. Die Erfolgsstrategien unbekannter Weltmarktführer.* Frankfurt am Main 2007

Smith, Adam: *Der Wohlstand der Nationen*. München 1978

Soros, George: *Der Globalisierungs-Report. Weltwirtschaft auf dem Prüfstand*. Berlin 2002

Späth, Lothar: *Strategie Europa. Ein Zukunftsmodell für die globalisierte Welt*. Reinbek 2005

Spiegel, Peter: *Muhammad Yunus – Banker der Armen. Der Friedensnobelpreisträger. Sein Leben. Seine Vision. Seine Wirkung*. Freiburg im Breisgau 2006

Spiegel, Peter: *Eine humane Weltwirtschaft. Erfolgsfaktor Mensch*. Düsseldorf 2007

Spiegel, Peter: „Ethische Grundlagen in der Wirtschaft". In: *Corporate Social Responsibility – Erfolgsfaktor für den Mittelstand. Münchner Beiträge zur nachhaltigen Entwicklung*. Herausgegeben von Jobst Münderlein und Michael Welzel. Band 1. München 2006

Spitzer, Manfred: *Selbstbestimmen. Gehirnforschung und die Frage: Was sollen wir tun?* München 2004

Steingart, Gabor: *Weltkrieg um Wohlstand. Wie Macht und Reichtum neu verteilt werden*. München 2006

Stiglitz, Joseph: *Die Schatten der Globalisierung*. Berlin 2002

Stiglitz, Joseph: *Die Roaring Nineties. Der entzauberte Boom*. Berlin 2004

Thurow, Lester: *Die Zukunft der Weltwirtschaft*. Frankfurt am Main 2004

Vaihinger, Hans: *Die Philosophie des Als-ob*. Berlin 1911

Weizsäcker, Ernst Ulrich von/Lovins, Amory B.: *Faktor Vier. Doppelter Wohlstand, halbierter Naturverbrauch*. München 1995

Yunus, Muhammad: *Grameen. Eine Bank für die Armen der Welt*. Bergisch-Gladbach 2006

Záboji, Peter B.: *Change! Gestalten Sie heute Ihr Unternehmen von morgen*. München 2002